国家出版基金资助项目（2021T—058）

瞬变外力场强迫循环热工水力学

陈炳德　黄彦平　著

中国原子能出版社

图书在版编目（CIP）数据

瞬变外力场强迫循环热工水力学／陈炳德，黄彦平
著. — 北京：中国原子能出版社，2023.12(2023.12重印)
ISBN 978-7-5221-2652-4

Ⅰ. ①瞬… Ⅱ. ①陈… ②黄… Ⅲ. ①反应堆−热工
水力学 Ⅳ. ①TL33

中国国家版本馆 CIP 数据核字（2023）第254347号

瞬变外力场强迫循环热工水力学

出版发行	中国原子能出版社（北京市海淀区阜成路43号　100048）
责任编辑	付　凯　裘　勖
装帧设计	马世玉　　侯怡璇
责任校对	冯莲凤
责任印制	赵　明
印　　刷	北京华联印刷有限公司
经　　销	全国新华书店
开　　本	787 mm×1092 mm　1/16
印　　张	10.75
字　　数	272 千字
版　　次	2023 年 12 月第 1 版　2023 年 12 月第 2 次印刷
书　　号	ISBN 978-7-5221-2652-4　　　　　定　价　120.00 元

网址：http://www.aep.com.cn
发行电话：010-68452845

E-mail：atomep123@126.com

序言 PREFACE

《瞬变外力场强迫循环热工水力学》是作者团队近二十年来瞄准海洋动力装备热构件强迫循环驱动条件下的热工水力学问题开展的系统基础研究成果的总结，主要给出了海洋运动条件作用于海洋动力装备热构件形成的瞬变外力场对热构件内单相流动、传热、两相气泡动力学行为、两相流体传热、沸腾传热危机和流动稳定性等行为的影响机理和作用机制。通过不同的实验研究手段和模型分析方法初步明确了瞬变外力场对强迫循环条件热构件内的流动换热规律、影响因素的实验现象和量化表达方法，可以供同行研究和分析参考。

本书研究工作持续时间较长，在国家部委不同渠道项目的支持下，在试验方法建立、平台搭建、实验数据分析处理和模型构建等方面得到了来自西安交通大学、哈尔滨工程大学、上海交通大学等国内高校的大力支持，也得到中国核动力研究设计院的全力投入，感谢对本项工作作出突出贡献的以下同志（按姓氏笔画排序）：

马建、马盈盈、王艳林、文博、田文喜、匡波、刘文兴、刘晓钟、闫晓、孙立成、苏光辉、杜东晓、李勇、肖泽军、张震、陈炳德、陈德奇、周磊、秋穗正、洪刚、秦胜杰、袁德文、顾汉洋、钱立波、徐建军、高璞珍、唐瑜、黄军、黄彦平、曹念、曹夏昕、阎昌琪、鲁晓东、谢添舟、鄢炳火、谭思超、潘良明。

作者团队对上述各位同仁表示衷心感谢和崇高敬意。

本书的研究结论由于时间和试验手段等原因，部分研究结果、数据甚至结论尚有较大的局限性，期待同仁继续深入研究，对本书的结论作出批评与改进。

感谢国家出版基金项目的资助，衷心感谢中国原子能出版社在本书出版过程中给予的大力支持。

本书编写组
2023 年 3 月
于中国核动力研究设计院

目录
CONTENTS

第 1 章　绪论 ……………………………………………………………………… 1

第 2 章　瞬变外力场数学物理模型 ……………………………………………… 2

　2.1　典型外力场 ………………………………………………………………… 3

　　2.1.1　倾斜 ………………………………………………………………… 3

　　2.1.2　起伏 ………………………………………………………………… 3

　　2.1.3　横摇 ………………………………………………………………… 4

　　2.1.4　纵摇 ………………………………………………………………… 4

　　2.1.5　艏摇 ………………………………………………………………… 4

　　2.1.6　水平变速运动 ……………………………………………………… 4

　2.2　耦合外力场 ………………………………………………………………… 5

　　2.2.1　艏倾+侧倾 ………………………………………………………… 5

　　2.2.2　艏倾+横摇 ………………………………………………………… 5

　　2.2.3　侧倾+纵摇 ………………………………………………………… 6

　　2.2.4　艏倾+纵摇 ………………………………………………………… 6

　　2.2.5　侧倾+横摇 ………………………………………………………… 6

　　2.2.6　加速平动+倾斜或摇摆 …………………………………………… 7

　　2.2.7　起伏+倾斜或摇摆 ………………………………………………… 8

　2.3　多因素耦合外力场 ………………………………………………………… 10

第 3 章　瞬变外力场单相流动传热特性 ………………………………………… 12

　3.1　矩形通道流迹可视化实验 ………………………………………………… 12

　3.2　静止条件下单相流动阻力特性 …………………………………………… 14

　　3.2.1　单相流动阻力分析 ………………………………………………… 14

　　3.2.2　单相流动摩擦阻力系数 …………………………………………… 15

　3.3　倾斜条件下单相流动阻力特性 …………………………………………… 20

　　3.3.1　瞬态流动阻力特性 ………………………………………………… 21

　　3.3.2　时均流动阻力特性 ………………………………………………… 22

　3.4　摇摆条件下单相流动阻力特性 …………………………………………… 24

3.4.1 瞬态流动阻力特性 ·························· 25

3.4.2 时均流动阻力特性 ·························· 28

3.5 静止条件下单相传热特性 ·························· 29

3.6 瞬变外力场单相传热特性 ·························· 32

3.6.1 倾斜条件 ·························· 32

3.6.2 摇摆条件 ·························· 34

3.7 参考文献 ·························· 35

第4章 瞬变外力场汽泡动力学特性 ·························· 37

4.1 瞬变外力场单汽泡生长和脱离特性 ·························· 37

4.1.1 竖直条件下汽泡生长和脱离特性 ·························· 37

4.1.2 实验本体倾斜条件下汽泡生长和脱离特性 ·························· 40

4.1.3 实验本体摇摆条件下汽泡生长和脱离特性 ·························· 41

4.2 瞬变外力场多汽泡运动特性 ·························· 42

4.2.1 多汽泡运动行为描述 ·························· 42

4.2.2 多汽泡运动特性分析 ·························· 44

4.3 瞬变外力场对流动沸腾特征点的影响 ·························· 52

4.3.1 瞬变外力场对过冷沸腾起始点（ONB 点）的影响 ·························· 52

4.3.2 典型外力场对沸腾充分发展起始点（FDB）的影响 ·························· 57

4.4 瞬变外力场单汽泡受力模型 ·························· 58

4.4.1 静止条件下汽泡受力模型 ·························· 59

4.4.2 瞬变外力场汽泡受力模型 ·························· 67

4.5 汽泡行为数值计算模型 ·························· 76

4.5.1 单汽泡生长模型 ·························· 77

4.5.2 多汽泡运动模型 ·························· 81

4.6 参考文献 ·························· 86

第5章 瞬变外力场两相流动及传热特性 ·························· 88

5.1 两相流动阻力特性 ·························· 88

5.1.1 静止条件流动阻力特性 ·························· 89

5.1.2 倾斜条件下流动阻力特性 ·························· 92

5.1.3 摇摆条件下流动阻力特性 ·························· 94

5.2 两相沸腾传热特性 ·························· 99

5.2.1 静止条件沸腾传热特性 ·························· 99

5.2.2 倾斜条件下沸腾传热特性 ·························· 102

5.2.3 摇摆条件下沸腾传热特性 ·························· 103

5.3　参考文献 ·· 108

第6章　瞬变外力场两相流动不稳定性 ································· 109

6.1　两相流动不稳定性的分类 ·· 109

6.2　瞬变外力场多通道流动不稳定性 ································ 112

6.2.1　静止条件下双通道流动不稳定空间 ················ 113

6.2.2　瞬变外力场对流动不稳定边界的影响 ············· 115

6.3　多因素耦合作用下并联通道流动失稳机制 ··············· 116

6.3.1　流动失稳-沸腾临界的相对关系 ····················· 116

6.3.2　沸腾临界曲线和流动失稳边界的相对位置关系图 ······· 117

6.3.3　流动失稳与沸腾临界的分界点 ····················· 119

6.4　瞬变外力场环境流动不稳定性分析程序 ··················· 120

6.4.1　基本假设 ··· 120

6.4.2　几何结构模型 ··· 121

6.4.3　压降计算模型 ··· 122

6.4.4　耦合外力场环境附加压降求解方法 ················ 123

6.4.5　辅助模型 ··· 123

6.4.6　程序计算结果验证 ····································· 123

6.4.7　综合计算分析 ··· 126

6.5　参考文献 ·· 129

第7章　瞬变外力场沸腾临界特性 ····································· 130

7.1　静止条件下沸腾临界特性研究 ·································· 131

7.2　瞬变外力场沸腾临界特性研究 ·································· 134

7.2.1　倾斜条件下沸腾临界特性 ···························· 134

7.2.2　摇摆条件下沸腾临界特性 ···························· 141

7.3　瞬变外力场临界热流密度机理模型 ·························· 146

7.3.1　DNB 型临界热流密度计算模型 ····················· 146

7.3.2　DO 型临界热流密度计算模型 ······················ 149

7.3.3　临界热流密度模型验证 ······························· 151

7.3.4　瞬变外力场临界热流密度计算分析 ················ 157

7.4　参考文献 ·· 159

主要符号表 ·· 161

第1章 绪 论

海洋的面积占全球总面积的 70% 以上，蕴含丰富的海洋自然资源、海洋化学资源、海洋矿产资源、海洋生物资源、海洋空间资源，是当今全球一体化经济物流运输的主要载体。近年来，随着中国国家复兴、中美结构性竞争和对抗加剧，以及世界格局的加速演变，海洋在维护国家主权、安全、发展利益中的地位更加突出，在国家经济发展格局和对外开放中的作用更加重要，在国际政治、经济、军事、科技竞争中的战略地位也明显上升。

根据"经略海洋"、建设"海洋强国"的战略思想和决策，近年来我国对海洋利用力度日益加大。海洋主权维护、海洋运输畅通、海洋资源开发等均需要海上能源供给，海洋动力装备建设是国家发展的战略需求，对解决我国海上能源供给具有重大意义。

高性能和高安全是海洋动力装备发展追求的目标。然而，海洋环境复杂多变，常伴随风暴、巨浪、海冰、海雾及海啸等恶劣自然气象，在海洋环境中运行的海洋动力装备势必会遭受海浪波动、海浪拍击及海流冲击等作用，对海洋动力装备上的设备与系统的热工水力特性造成潜在影响，如热结构内发生流动不稳定性、传热恶化等一系列问题，导致海洋动力装备性能无法有效实现，甚至对装备安全构成威胁，因此在设计海洋动力装备时必须考虑海洋环境引入的瞬变外力场对系统热工水力特性的影响。准确掌握海洋瞬变外力场对海洋动力装备热结构内热工水力特性的影响是提高海洋动力装备综合性能指标的重要基础。

由于海洋瞬变外力场会对海洋动力装备热结构热工水力性能的安全带来重要影响，故针对海洋瞬变外力场条件下热工水力特性机理的深入研究是海洋动力装备研制的关键。相对于国外情况，我国在该领域所开展的研究起步很晚，而且较为零星和分散，缺乏完整性和系统性，难以为工程设计提供充分的理论依据，这种不足制约了我国海洋动力装备的发展。

近年来，中国核动力研究设计院牵头组织，联合国内多所重点高校，首次系统地、多层次地开展了海洋瞬变外力场热结构内热工水力特性机理的综合性研究，从海洋瞬变外力场冷却剂流体动力学作用机理、汽泡动力学特性以及多因素耦合机制几大方面取得了丰硕的研究成果，较为全面地评价了海洋瞬变外力场对热结构热工水力特性的影响，希望为我国海洋动力装备的设计、安全分析提供可靠的研究依据。

本书内容取材于其中部分基础研究，可供相关专业技术领域的人员借鉴参考。

第 2 章
瞬变外力场数学物理模型

海洋动力装备受海洋条件的影响会产生倾斜、起伏、摇摆及水平变速等典型运行状态及相关耦合运动状态。不同的运动状态导致海洋动力装备各系统的管道内流体会受到平动附加力、离心力、切向力和科氏力的单独作用或共同作用。根据非惯性系流体动力学分析，这些由海洋条件引起的附加外力场可以统一表达如下：

$$F = -\rho \left[a_0 + 2 \cdot \boldsymbol{\omega} \times V_{\mathrm{r}} + \boldsymbol{\omega} \times (\boldsymbol{\omega} \times r) + \frac{\mathrm{d}\boldsymbol{\omega}}{\mathrm{d}t} \times r \right] \tag{2-1}$$

式中：a_0——平动加速度；

$\boldsymbol{\omega}$——摇摆角速度；

r——流体质点在非惯性系中的位置矢量；

$2 \cdot \boldsymbol{\omega} \times V_{\mathrm{r}}$——科里奥利加速度（简称科氏加速度）；

V_{r}——流体相对管道的流速；

$\boldsymbol{\omega} \times (\boldsymbol{\omega} \times r) + \dfrac{\mathrm{d}\boldsymbol{\omega}}{\mathrm{d}t} \times r$——牵连加速度（前项为向心加速度，后项为切向加速度）。

在瞬变附加外力场与原有体积力的叠加作用下，流体所受的总体积力可表示如下：

$$F + \rho f = \rho \left[-a_0 - 2 \cdot \boldsymbol{\omega} \times V_{\mathrm{r}} - \boldsymbol{\omega} \times (\boldsymbol{\omega} \times r) - \frac{\mathrm{d}\boldsymbol{\omega}}{\mathrm{d}t} \times r \right] \tag{2-2}$$

式中：f——流体质量力，一般指重力；

$-a_0$——平动附加力；

$-2 \cdot \boldsymbol{\omega} \times V_{\mathrm{r}}$——科氏力，始终垂直于流动方向；

$-\boldsymbol{\omega} \times (\boldsymbol{\omega} \times r)$——离心力；

$-\dfrac{\mathrm{d}\boldsymbol{\omega}}{\mathrm{d}t} \times r$——切向力。

在热工水力学研究中，描述流体动力学行为的理论基础是动量方程。为掌握瞬变外力场对海洋动力装备热结构件内流体动力学行为的影响，必须根据动量方程进行理论建模和计算分析，其中一项重要条件是完整准确地表达流体所受的各项附加外力。在本书所讨论的研究内容中，单相及两相流动特性、汽泡行为、流动失稳和沸腾临界等研究成果的正确性和科学性都与之存在重要联系。

2.1 典型外力场

对于因海洋条件引起的海洋动力装置的倾斜、起伏、横摇、纵摇、艏摇及水平变速等单一运动状态，流体会相应地受到单一外力场的作用，也称为典型外力场的作用。

在研究中考虑长度为 L 的一维冷却剂通道，如图 2.1 所示，冷却剂沿 z 轴正方向流动。当通道静止时，假设非惯性系 $o\text{-}x\text{-}y\text{-}z$ 与惯性系 $o\text{-}x'\text{-}y'\text{-}z'$ 重合，流体质点在非惯性系中的位置矢量为 $\boldsymbol{r} = x\boldsymbol{i} + y\boldsymbol{j} + z\boldsymbol{k}$，冷却剂相对通道的速度矢量为 $\boldsymbol{V}_{\mathrm{r}} = V(t)\boldsymbol{k}$，此处分六种典型瞬变外力场进行讨论。

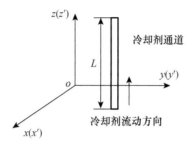

图 2.1　冷却剂通道示意图

2.1.1　倾斜

通道相对 z' 轴有一偏转角度 θ，并保持不变，此时通道处于单一倾斜状态，无平动（$\boldsymbol{a}_0 = 0$）和摇摆（$\boldsymbol{\omega} = 0$），重力加速度矢量可表示为 $\boldsymbol{f} = -g\cos\theta\boldsymbol{k} + g\sin\theta\boldsymbol{i}(\boldsymbol{j})$，则由式（2-2）可分别得到冷却剂所受外力和重力作用：

$$\boldsymbol{F} = 0 \tag{2-3}$$

$$\rho\boldsymbol{f} = -\rho g\cos\theta \tag{2-4}$$

冷却剂所受总体积力：

$$\boldsymbol{F} + \rho\boldsymbol{f} = -\rho g\cos\theta \tag{2-5}$$

2.1.2　起伏

通道沿 z' 轴方向以加速度 $\boldsymbol{a}_0 = a(t)\boldsymbol{k}$ 做起伏运动，无摇摆（$\boldsymbol{\omega} = 0$）和倾斜（$\theta = 0$），重力加速度矢量可表示为 $\boldsymbol{f} = -g\boldsymbol{k}$，则由式（2-2）可分别得到冷却剂所受的瞬变外力和重力：

$$\boldsymbol{F} = -\rho\boldsymbol{a}_0 = -\rho a_z(t) \tag{2-6}$$

$$\rho\boldsymbol{f} = -\rho g \tag{2-7}$$

冷却剂所受总体积力：

$$\boldsymbol{F} + \rho\boldsymbol{f} = -\rho\left[g + a_z(t)\right] \tag{2-8}$$

2.1.3 横摇

通道无平动（$\boldsymbol{a}_0 = 0$）和倾斜（$\theta = 0$），仅以 x' 轴为轴做横摇运动，以逆时针方向为正，摇摆角速度为 $\boldsymbol{\omega} = \omega(t)\boldsymbol{i}$，$\theta_y(t) = \omega(t) \cdot t$ 为通道与 z' 轴的瞬时夹角，重力加速度矢量为 $\boldsymbol{f} = -g\cos\theta_y(t)\boldsymbol{k} - g\sin\theta_y(t)\boldsymbol{j}$，则由式（2-1）可得到冷却剂所受瞬变外力：

$$\boldsymbol{F} = -\rho\left[2\cdot\boldsymbol{\omega}\times\boldsymbol{V}_r + \boldsymbol{\omega}\times(\boldsymbol{\omega}\times\boldsymbol{r}) + \frac{\mathrm{d}\boldsymbol{\omega}}{\mathrm{d}t}\times\boldsymbol{r}\right]$$

$$= -\rho\left\{\left[-2\omega(t)V - \omega^2(t)y - z\frac{\mathrm{d}\omega(t)}{\mathrm{d}t}\right]\boldsymbol{j} + \left[-\omega^2(t)z + y\frac{\mathrm{d}\omega(t)}{\mathrm{d}t}\right]\boldsymbol{k}\right\} \qquad (2\text{-}9)$$

由式（2-2）可得到沿流动方向所受总体积力：

$$\boldsymbol{F} + \rho\boldsymbol{f} = -\rho\left[g\cos\theta_y(t) - \omega^2(t)z + y\frac{\mathrm{d}\omega(t)}{\mathrm{d}t}\right] \qquad (2\text{-}10)$$

由此可见，横摇产生的附加外力除与摇摆角速度有关外，还与流体质点具体位置有关，其中科氏力方向与流动方向垂直，对流动无直接影响。

2.1.4 纵摇

通道无平动（$\boldsymbol{a}_0 = 0$）和倾斜（$\theta = 0$），仅以 y' 轴为轴做纵摇运动，以逆时针方向为正，摇摆角速度为 $\boldsymbol{\omega} = \omega(t)\boldsymbol{j}$，$\theta_x(t) = \omega(t) \cdot t$ 为通道与 z' 轴的瞬时夹角，重力加速度矢量为 $\boldsymbol{f} = -g\cos\theta_x(t)\boldsymbol{k} - g\sin\theta_x(t)\boldsymbol{i}$，则由式（2-2）可同样得到冷却剂沿流动方向所受总体积力：

$$\boldsymbol{F} + \rho\boldsymbol{f} = -\rho\left[g\cos\theta_x(t) - \omega^2(t)z - x\frac{\mathrm{d}\omega(t)}{\mathrm{d}t}\right] \qquad (2\text{-}11)$$

纵摇产生的附加外力对流体的影响与横摇的情况类似，区别仅在于两者作用方向不同。

2.1.5 艏摇

通道无平动（$\boldsymbol{a}_0 = 0$）和倾斜（$\theta = 0$），仅以 z' 轴为轴做艏摇运动，以逆时针方向为正，摇摆角速度为 $\boldsymbol{\omega} = \omega(t)\boldsymbol{k}$，重力加速度矢量为 $\boldsymbol{f} = -g\boldsymbol{k}$，则由式（2-2）可同样得到冷却剂沿流动方向所受总体积力：

$$\boldsymbol{F} + \rho\boldsymbol{f} = -\rho g \qquad (2\text{-}12)$$

由此可见，艏摇运动对冷却剂流动无直接影响。

2.1.6 水平变速运动

通道无摇摆（$\boldsymbol{\omega} = 0$）和倾斜（$\theta = 0$），仅在水平方向上以加速度为 $\boldsymbol{a}_0 = a(t)\boldsymbol{i}$ 或 $\boldsymbol{a}_0 = a(t)\boldsymbol{j}$ 做水平变速运动，重力加速度矢量为 $\boldsymbol{f} = -g\boldsymbol{k}$，则由式（2-2）可同样得到冷却剂沿流动方向所受总体积力：

$$\boldsymbol{F} + \rho\boldsymbol{f} = -\rho g \qquad (2\text{-}13)$$

由此可见，水平变速运动对冷却剂流动无直接影响。

综上所述，对于一维竖直热结构件，水平变速运动与艏摇对冷却剂流动无直接影响；横摇与纵摇瞬变外力场附加力除与摇摆角速度有关外，同时与流体质点在通道中位置有关，但摇摆引起的科氏力始终与流动方向垂直，对流动无直接影响；起伏引起的附加力相当于在重力上叠加一个作用力，其作用方式与重力类似。

2.2 耦合外力场

对于通道在两种及两种以上运动方式叠加时的情况，根据上节已讨论的几种典型外力场作用，对应地选择其中两种及多种典型外力场进行组合，基于力的矢量叠加原则，可获得流体所受的耦合外力场作用。

2.2.1 艏倾+侧倾

如果通道处于艏倾和侧倾状态，如图 2.2 所示，艏倾角度 θ_x，侧倾角度 θ_y，无摇摆（$\boldsymbol{\omega}=0$）和水平加速运动（$\boldsymbol{a}_0=0$）。

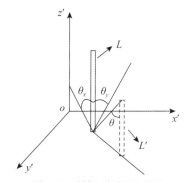

图 2.2 艏倾+侧倾示意图

由式（2-2）可得，$\boldsymbol{F}=0$。因通道与 z' 轴夹角为 θ，由几何条件可得：

$$\cos\theta = (\tan^2\theta_y + \tan^2\theta_x + 1)^{-0.5} \tag{2-14}$$

于是可得重力作用：

$$\rho\boldsymbol{f} = -\rho g\cos\theta \tag{2-15}$$

则冷却剂沿流动方向所受总体积力：

$$\boldsymbol{F} + \rho\boldsymbol{f} = -\rho g(\tan^2\theta_y + \tan^2\theta_x + 1)^{-0.5} \tag{2-16}$$

2.2.2 艏倾+横摇

如果通道无水平加速运动（$\boldsymbol{a}_0=0$），同时处于艏倾和横摇运动状态，艏倾角度 θ_x，以逆时针方向为正的横摇角速度为 $\boldsymbol{\omega} = \omega(t)\boldsymbol{i}$，$\theta_y(t) = \omega(t)\cdot t$ 为通道与 z' 轴的瞬时夹角。

与横摇状态下的典型外力场相同，由式（2-2）可得：

$$\boldsymbol{F} = -\rho\left[-\omega^2(t)z + y\frac{\mathrm{d}\omega(t)}{\mathrm{d}t}\right] \tag{2-17}$$

与艏倾和侧倾状态下的情况相同，可得重力作用：

$$\rho f = -\rho g \left[\tan^2 \theta_y(t) + \tan^2 \theta_x + 1 \right]^{-0.5} \tag{2-18}$$

则冷却剂沿流动方向所受总体积力：

$$F + \rho f = -\rho \left\{ g \left[\tan^2 \theta_y(t) + \tan^2 \theta_x + 1 \right]^{-0.5} - \omega^2(t)z + y \frac{d\omega(t)}{dt} \right\} \tag{2-19}$$

2.2.3 侧倾+纵摇

如果通道无水平加速运动（$a_0 = 0$），同时处于侧倾和纵摇运动状态，侧倾角度为 θ_y，以逆时针方向为正的纵摇角速度为 $\omega = \omega(t)j$，$\theta_x(t) = \omega(t) \cdot t$ 为通道与 z' 轴的瞬时夹角。

与纵摇状态下的典型外力场相同，由式（2-2）可得：

$$F = -\rho \left[-\omega^2(t)z - x \frac{d\omega(t)}{dt} \right] \tag{2-20}$$

与艏倾和侧倾状态下的情况相同，重力作用仍采用式（2-18）进行计算。

则冷却剂沿流动方向所受总体积力：

$$F + \rho f = -\rho \left\{ g \left[\tan^2 \theta_y + \tan^2 \theta_x(t) + 1 \right]^{-0.5} - \omega^2(t)z - x \frac{d\omega(t)}{dt} \right\} \tag{2-21}$$

2.2.4 艏倾+纵摇

如果通道无水平加速运动（$a_0 = 0$），同时处于艏倾和纵摇运动状态，艏倾角度为 θ_x，以逆时针方向为正的纵摇角速度为 $\omega = \omega(t)j$，$\theta_x(t) = \omega(t) \cdot t$ 为通道与 z' 轴的瞬时夹角。

与纵摇状态下的典型外力场相同，摇摆附加力作用仍采用式（2-20）进行计算。根据几何条件可得重力作用：

$$\rho f = -\rho g \cos \left[\theta_x + \theta_x(t) \right] \tag{2-22}$$

则冷却剂沿流动方向所受总体积力：

$$F + \rho f = -\rho \left\{ g \cos \left[\theta_x + \theta_x(t) \right] - \omega^2(t)z - x \frac{d\omega(t)}{dt} \right\} \tag{2-23}$$

2.2.5 侧倾+横摇

如果通道无水平加速运动（$a_0 = 0$），同时处于侧倾和横摇运动状态，假设艏倾角度为 θ_y，以逆时针方向为正的横摇角速度为 $\omega = \omega(t)i$，$\theta_y(t) = \omega(t) \cdot t$ 为通道与 z' 轴的瞬时夹角。

与横摇状态下的典型外力场相同，摇摆附加力作用仍采用式（2-17）进行计算。根据几何条件可得重力作用：

$$\rho f = -\rho g \cos \left[\theta_y + \theta_y(t) \right] \tag{2-24}$$

则冷却剂沿流动方向所受总体积力：

$$F + \rho f = -\rho \left\{ g \cos \left[\theta_y + \theta_y(t) \right] - \omega^2(t)z + y \frac{d\omega(t)}{dt} \right\} \tag{2-25}$$

2.2.6 加速平动+倾斜或摇摆

（1）平动加速+倾斜

如图2.3所示，假设通道以加速度$a(t)$平动，倾斜角度为θ，无摇摆（$\boldsymbol{\omega}=0$），则平动加速度与重力加速度矢量可分别表示为：

$$\boldsymbol{a}(t) = a(t)\sin\theta\boldsymbol{k} + a(t)\cos\theta\boldsymbol{i}(\boldsymbol{j}) \tag{2-26}$$

$$\boldsymbol{f} = -g\cos\theta\boldsymbol{k} + g\sin\theta\boldsymbol{i}(\boldsymbol{j}) \tag{2-27}$$

由式（2-2）可得冷却剂沿流动方向所受总体积力：

$$\boldsymbol{F} + \rho\boldsymbol{f} = -\rho\left[a(t)\sin\theta + g\cos\theta\right] \tag{2-28}$$

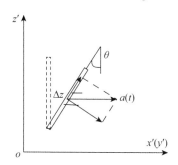

图2.3 平动+倾斜示意图

（2）平动加速+摇摆

1）x向加速运动+纵摇

如图2.4所示，假设通道以水平加速度$a_x(t)$平动，并以逆时针方向为正的角速度$\boldsymbol{\omega} = \omega(t)\boldsymbol{j}$纵摇，$\theta_x(t) = \omega(t)\cdot t$为通道与$z'$轴的瞬时夹角。此时，平动加速度矢量为$\boldsymbol{a}(t) = a_x(t)\sin\theta_x(t)\boldsymbol{k} + a_x(t)\cos\theta_x(t)\boldsymbol{i}$，重力加速度矢量为$\boldsymbol{f} = -g\cos\theta_x(t)\boldsymbol{k} + g\sin\theta_x(t)\boldsymbol{i}(\boldsymbol{j})$。

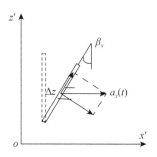

图2.4 平动+纵摇示意图

根据前述相关分析，由式（2-2）可得冷却剂沿流动方向所受总体积力：

$$\boldsymbol{F} + \rho\boldsymbol{f} = -\rho\left[g\cos\theta_x(t) + a_x(t)\sin\beta_x - \omega^2(t)z - x\frac{\mathrm{d}\omega(t)}{\mathrm{d}t}\right] \tag{2-29}$$

2）y向加速运动+横摇

如图2.5所示，假设通道以水平加速度$a_y(t)$平动，并以逆时针方向为正的角速度$\boldsymbol{\omega} = \omega(t)\boldsymbol{i}$横摇，$\theta_y(t) = \omega(t)\cdot t$为通道与$z'$轴的瞬时夹角。此时，平动加速度矢量为

$\boldsymbol{a}(t) = a_y(t)\sin\theta_y(t)\boldsymbol{k} + a_y(t)\cos\theta_y(t)\boldsymbol{j}$，重力加速度矢量为 $\boldsymbol{f} = -g\cos\theta_y(t)\boldsymbol{k} + g\sin\theta_y(t)\boldsymbol{j}$。

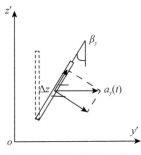

图 2.5　平动+横摇示意图

根据前述相关分析，由式（2-2）可得冷却剂沿流动方向所受总体积力：

$$F + \rho f = -\rho\left[g\cos\theta_y(t) + a_y(t)\sin\theta_y - \omega^2(t)z + y\frac{d\omega(t)}{dt}\right] \tag{2-30}$$

2.2.7　起伏+倾斜或摇摆

（1）起伏+倾斜

如图 2.6 所示，假设倾斜角度为 θ 的通道以加速度 $a_z(t)$ 作起伏运动，无摇摆（$\boldsymbol{\omega} = 0$），则根据前述相关分析，由式（2-2）可得冷却剂沿流动方向所受总体积力：

$$F + \rho f = -\rho\left[g + a_z(t)\right]\cos\theta \tag{2-31}$$

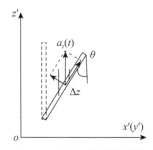

图 2.6　起伏+倾斜示意图

（2）起伏+横摇

如图 2.7 所示，通道无倾斜（$\theta = 0$），假设以加速度 $a(t)$ 作起伏运动，并以逆时针方向为正的角速度 $\boldsymbol{\omega} = \omega(t)\boldsymbol{i}$ 横摇，$\theta_y(t) = \omega(t) \cdot t$ 为通道与 z' 轴的瞬时夹角。此时，起伏加速度矢量为 $\boldsymbol{a}_0(t) = a(t)\cos\theta_y(t)\boldsymbol{k} - a(t)\sin\theta_y(t)\boldsymbol{j}$，重力加速度矢量为 $\boldsymbol{f} = -g\cos\theta_y(t)\boldsymbol{k} + g\sin\theta_y(t)\boldsymbol{j}$。

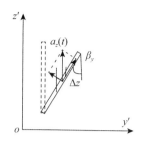

图 2.7　起伏+横摇示意图

根据前述相关分析，由式（2-2）可得冷却剂沿流动方向所受总体积力：

$$F + \rho f = -\rho \left\{ \left[g + a_z(t) \right] \cos \theta_y(t) - \omega^2(t)z + y \frac{\mathrm{d}\omega(t)}{\mathrm{d}t} \right\} \quad (2-32)$$

（3）起伏+纵摇

如图 2.8 所示，通道无倾斜（$\theta = 0$），假设以加速度 $a(t)$ 作起伏运动，并以逆时针方向为正的角速度 $\boldsymbol{\omega} = \omega(t)\boldsymbol{j}$ 纵摇，$\theta_x(t) = \omega(t) \cdot t$ 为通道与 z' 轴的瞬时夹角。此时，起伏加速度矢量为 $\boldsymbol{a}_0(t) = a(t)\cos \theta_x(t)\boldsymbol{k} - a(t)\sin \theta_x(t)\boldsymbol{i}$，重力加速度矢量为 $\boldsymbol{f} = -g\cos \theta_x(t)\boldsymbol{k} + g\sin \theta_x(t)\boldsymbol{i}$。

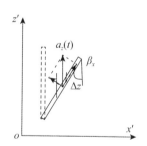

图 2.8　起伏+纵摇示意图

根据前述相关分析，由式（2-2）可得冷却剂沿流动方向所受总体积力：

$$F + \rho f = -\rho \left\{ \left[g + a_z(t) \right] \cos \theta_x(t) - \omega^2(t)z - x \frac{\mathrm{d}\omega(t)}{\mathrm{d}t} \right\} \quad (2-33)$$

（4）起伏+艏摇

通道无倾斜（$\theta = 0$），假设以加速度 $a(t)$ 作起伏运动，艏摇角速度 $\boldsymbol{\omega} = \omega(t)\boldsymbol{k}$，重力加速度矢量为 $\boldsymbol{f} = -g\boldsymbol{k}$。

根据前述相关分析，由式（2-2）可得冷却剂沿流动方向所受总体积力：

$$F + \rho f = -\rho \left[g + a_z(t) \right] \quad (2-34)$$

针对其他较复杂的耦合外力场，可首先将其分解为几种典型外力场的组合，然后根据非惯性系下海洋条件附加外力场表达式，将所有附加外力沿流动和垂直方向进行分解和重新组合，最后可得到作用于流体的完整体积力。

2.3 多因素耦合外力场

对于海洋动力装备在复杂海洋条件下随机发生的三维瞬态运动，如果给定系统管道内任意流体质点随时间变化的空间位置矢量，即三维瞬态坐标和旋转角度，此时可将其运动视为六种典型运动的耦合并进行反向分解。与之前分析类似，流体质点相对各坐标轴的时空变化对应于各方向上的平移和旋转，相对 x 轴的时空变化对应于 x 方向的水平变速运动和横摇，相对 y 轴的时空变化对应于 y 方向的水平变速运动和纵摇，相对 z 轴的时空变化对应于 z 方向的垂直起伏运动和艏摇。

在数学处理方法上，将任意流体质点的连续运动轨迹近似为离散的空间坐标，通过差分处理可得到每种典型运动的加速度、角速度、角加速度等，代入海洋条件附加力方程可得到作用于流体的完整体积力。

对于水平与垂直方向的平动加速度，采用如下差分格式进行计算：

$$a_{(x,\ y,\ z),\ 1} = \frac{(x,\ y,\ z)_1 - 2(x,\ y,\ z)_2 + (x,\ y,\ z)_3}{\Delta t^2} \tag{2-35}$$

$$a_{(x,\ y,\ z),\ i} = \frac{(x,\ y,\ z)_{i-1} - 2(x,\ y,\ z)_i + (x,\ y,\ z)_{i+1}}{\Delta t^2} \tag{2-36}$$

$$a_{(x,\ y,\ z),\ n} = \frac{(x,\ y,\ z)_{n-2} - 2(x,\ y,\ z)_{n-1} + (x,\ y,\ z)_n}{\Delta t^2} \tag{2-37}$$

式中：$i = 2,\ 3,\ \cdots,\ n-1$，分子项中的 x、y、z 表示质点空间坐标，分母项中的 t 表示时间，下标 x、y、z 分别表示 3 个方向，下标 $1,\ 2,\ \cdots,\ i-1,\ i,\ i+1,\ \cdots,\ n$ 表示每个时刻。

对于各个方向上的旋转包括横摇、纵摇和艏摇的角速度和角加速度，采用如下差分格式进行计算：

$$\omega_{(x,\ y,\ z),\ 1} = \frac{-3\theta_{(x,\ y,\ z),\ 1} + 4\theta_{(x,\ y,\ z),\ 2} - \theta_{(x,\ y,\ z),\ 3}}{2\Delta t} \tag{2-38}$$

$$\omega_{(x,\ y,\ z),\ i} = \frac{\theta_{(x,\ y,\ z),\ i+1} - \theta_{(x,\ y,\ z),\ i-1}}{2\Delta t} \tag{2-39}$$

$$\omega_{(x,\ y,\ z),\ n} = \frac{\theta_{(x,\ y,\ z),\ n-2} - 4\theta_{(x,\ y,\ z),\ n-1} + 3\theta_{(x,\ y,\ z),\ n}}{2\Delta t} \tag{2-40}$$

$$\frac{d\omega_{(x,\ y,\ z),\ 1}}{dt} = \frac{\theta_{(x,\ y,\ z),\ 1} - 2\theta_{(x,\ y,\ z),\ 2} + \theta_{(x,\ y,\ z),\ 3}}{\Delta t^2} \tag{2-41}$$

$$\frac{d\omega_{(x,\ y,\ z),\ i}}{dt} = \frac{\theta_{(x,\ y,\ z),\ i-1} - 2\theta_{(x,\ y,\ z),\ i} + \theta_{(x,\ y,\ z),\ i+1}}{\Delta t^2} \tag{2-42}$$

$$\frac{d\omega_{(x,\ y,\ z),\ n}}{dt} = \frac{\theta_{(x,\ y,\ z),\ n-2} - 2\theta_{(x,\ y,\ z),\ n-1} + \theta_{(x,\ y,\ z),\ n}}{\Delta t^2} \tag{2-43}$$

式中：$i = 2$，3，$\cdots$，$n-1$，分子项中的 θ 和 ω 分别表示摇摆角度和角速度，分母项中的 t 表示时间，下标 x、y、z 分别表示3个方向，下标 1，2，$\cdots$，$i-1$，i，$i+1$，$\cdots$，n 表示每个时刻。

综上可得在海洋条件外力作用下冷却剂沿流动方向所受总体积力：

$$\begin{aligned} \boldsymbol{F} + \rho\boldsymbol{f} = -\rho\Big\{ &\big[g + a_x(t)\tan\theta_y(t) + a_y(t)\tan\theta_x(t) + a_z(t) \big] \cdot \\ &\big[1 + \tan^2\theta_x(t) + \tan^2\theta_y(t) \big]^{-0.5} - \big[\omega_x^2(t) + \omega_y^2(t) \big] z + \\ &\big[y_0\frac{\mathrm{d}\omega_x(t)}{\mathrm{d}t} - x_0\frac{\mathrm{d}\omega_y(t)}{\mathrm{d}t} \big] \Big\} \end{aligned} \tag{2-44}$$

第3章
瞬变外力场单相流动
传热特性

　　动力装备热结构产生的热量以一定的传热方式传输给冷却剂，热量传输给冷却剂的传热速率与热流密度、温度以及冷却剂的流动特性有关，冷却剂的流动特性又会受到压力、流场分布、瞬变外力场等因素的影响，本章介绍了在静止条件和瞬变外力场环境下通道内的单相流迹可视化实验，单相流动阻力特性和单相对流换热特性及相关模型。

3.1　矩形通道流迹可视化实验

　　迹线是流体质点运动的轨迹，主要用来描述流场几何特性。通过流体迹线（以下简称"流迹"）的特点可以判断流动状态。通过流迹可视化实验，当管内颜色水呈一股细直的流束，表明各流层之间没有发生交混，这种分层有规律的流动状态称为层流；逐渐增大流速，当增大到某一临界值时，颜色水流束出现摆动，此时出现摆动的但又有一定流动规律的流动状态称为过渡流；进一步增大流速，颜色水与周围清水发生交混，此时流体质点的运动轨迹极不规则，各层流体质点剧烈交混，这种流动状态称为湍流（也叫紊流）[1]。

　　为研究瞬变外力场对流体流动状态的影响，开展了流迹可视化实验，实验所用的实验本体流道截面如图 3.1 所示，其中 L 为 42 mm，d 为 2 mm，流动方向长度 H 为 600 mm。在实验本体入口处注入颜色水。

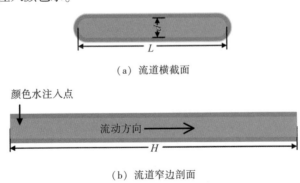

（a）流道横截面

（b）流道窄边剖面

图 3.1　流迹可视化实验本体流道

通过流迹可视化实验，可以直观认识瞬变外力对单相流场的影响。实验分为等温流动和非等温流动两种条件，在每种实验中，对层流、过渡流和湍流 3 组典型流动工况与不同运动工况进行组合进行，主要热工水力参数范围分别如表 3.1 和表 3.2 所示。在两种实验中，典型外力场工况参数相同，即分别绕 x 轴、y 轴倾斜 15°、30°，分别绕 x 轴、y 轴摇摆 20°、30°，周期 10 s。

表 3.1 　等温流迹可视化流态分区实验工况

参数	p/MPa	$W/(kg/h)$	$T_{in}/℃$	Re
范围	0.13~0.35	85~300	15~20	850~4300

表 3.2 　非等温流迹可视化流态分区实验工况

参数	p/MPa	$W/(kg/h)$	$T_{in}/℃$	$q_w/(kW/m^2)$	Re	Pr
范围	0.14~0.22	40~340	15~20	66~184	500~4300	5.4~6.5

从该系列实验结果来看，在等温和非等温流动的层流区，倾斜和摇摆条件下的流迹图像与静止条件下的情况没有明显差别，染色剂的流迹为一细股界限分明的平直元流，与周围流体互不混合，各层的质点互不掺混，如图 3.2 所示。在等温和非等温流动的过渡区，倾斜和摇摆条件下的流迹图像与静止条件下的情况没有明显差别，染色剂的流迹出现波动，层流流动失稳，难以维持原状，通道内层流和湍流交替出现，未发现层流向湍流的提前过渡，如图 3.3 所示。在等温和非等温流动的湍流区，倾斜和摇摆条件下的流迹图像与静止条件下的情况没有明显差别，染色剂的流迹突然破裂，在通道内迅速扩散并与周围清水掺混，整个水流被均匀染色，流动呈三维非定常的随机特征，如图 3.4 所示。

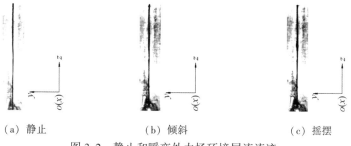

（a）静止　　　　　　　　（b）倾斜　　　　　　　　（c）摇摆

图 3.2 　静止和瞬变外力场环境层流流迹

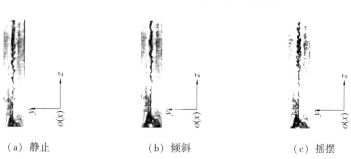

（a）静止　　　　　　　　（b）倾斜　　　　　　　　（c）摇摆

图 3.3 　静止和瞬变外力场环境过渡区流迹

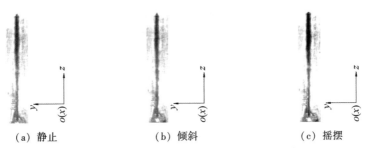

|（a）静止|（b）倾斜|（c）摇摆|

图 3.4　静止条件和瞬变外力场环境湍流流迹

根据实验结果可以判断，在现有研究参数范围内，倾斜和摇摆条件下通道内各流态区域的流迹可视化图像与静止条件下的情况没有明显区别，表明典型外力场并不对通道内宏观流动特性以及单相流态转捩特征产生明显影响。

3.2　静止条件下单相流动阻力特性

3.2.1　单相流动阻力分析

实验本体在静止垂直条件下，流体在通道轴向受到三种力的作用，即压力梯度、垂直向下的重力和逆流动方向的切应力，切应力是形成摩擦阻力的原因。在流场内任取一流体微元，其在 x、y、z 方向的长度分别为 dx、dy、dz，该微元受力情况如图 3.5 所示。

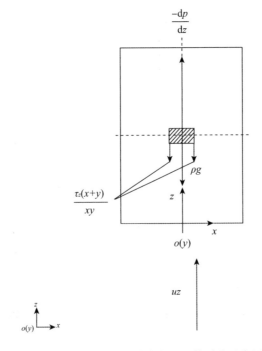

图 3.5　实验本体静止垂直条件下流体受力示意图

根据动量守恒定律，可得到如下流体动力学平衡方程：

$$-\rho g - \frac{\mathrm{d}p}{\mathrm{d}z} = \tau_z \frac{x+y}{xy} \tag{3-1}$$

该方程表示实验本体静止垂直条件下压力梯度、重力和切应力之间的流体动力学平衡关系。由于各项力均保持恒定不变，因此这些力处于静平衡状态，通道内速度场和温度场保持稳定，流动及传热处于稳态过程。

对式（3-1）沿着通道轴向进行积分，可以得到该方向的压降平衡关系式，即总压降等于重位压降和摩擦压降之和。

$$\Delta p = \Delta p_\mathrm{g} + \Delta p_\mathrm{F} \tag{3-2}$$

$$\Delta p_\mathrm{g} = \rho_\mathrm{m} g l \tag{3-3}$$

$$\Delta p_\mathrm{F} = \int_0^l \tau_z \frac{x+y}{xy} \mathrm{d}z \tag{3-4}$$

从式（3-2）~式（3-4）可以看出，与压力梯度、重力和切应力之间的微观流体动力学平衡关系相对应，总压降、重位压降和摩擦压降之间处于压降平衡关系，因此压降是流体动力学特性的宏观反映。由于压力梯度、重力和切应力保持不变且三者之间处于流体动力学静平衡状态，因此总压降、重位压降和摩擦压降也保持不变。这种流体动力学特性决定了流动及传热处于稳态过程。本研究首先以静止条件下矩形通道内流动特性为对象，通过分析实验数据，建立静止条件下的流动实验关系式，为分析瞬变外力场流动特性的规律提供对比基础。

3.2.2 单相流动摩擦阻力系数

矩形通道等温流动实验的热工水力参数范围如表 3.3 所示。

表 3.3 静止条件矩形通道实验工况范围

参数	p/MPa	W/(kg/h)	T_in/℃	Re
范围	10、12、15	60~1100	25~190	1000~49 000

由实验获得的矩形通道内等温摩擦系数随 Re 的变化曲线如图 3.6 所示。层流向湍流过渡的临界 Re 为 2500，自该点至 $Re=4000$ 为过渡区，$Re=4000$ 以上的区域为湍流区。

对于不同形体比的矩形通道内层流充分发展流动，Kays 和 Clark[2] 提出了以下等温摩擦系数预测关系式：

$$f_{Re} = 24(1 - 1.355\,3\alpha^* + 1.946\,7\alpha^{*2} - 1.701\,2\alpha^{*3} +$$
$$0.956\,4\alpha^{*4} - 0.253\,7\alpha^{*5}) \tag{3-5}$$

式中：$\alpha^* = e/b$——截面形体比。

本关系式对实验数据的预测结果较好，误差在±5.5%以内。

对于湍流充分发展流动，Blasius[3] 提出的湍流等温摩擦系数关系式为：

$$f = 0.316\,4/Re^{0.25} \tag{3-6}$$

该关系式对实验数据的预测结果误差在±10%以内。

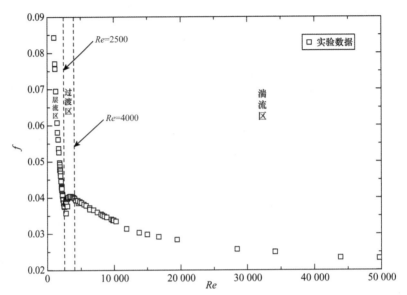

图 3.6　实验本体静止条件下等温摩擦系数随 Re 变化

矩形通道非等温流动特性实验主要热工水力参数范围如表 3.4 所示。

表 3.4　矩形通道静止条件实验工况范围

参数	p/MPa	W/(kg/h)	T_{in}/℃	q_w/(kW/m²)	Re	Pr
范围	3、10	60~1100	25~50	10~400	1000~32 000	2.4~4.9

由实验获得的矩形通道内非等温摩擦系数和 Nu 随 Re 的变化曲线如图 3.7 所示，层流向湍流过渡的临界 $Re = 2900$，自该点至 $Re = 4700$ 为过渡区，$Re = 4700$ 以上的区域为湍流区。

（1）层流向湍流过渡临界 Re

与等温流动层流临界 $Re = 2500$ 相比，加热条件下的层流临界 Re 有所增大，这是由于加热导致流体黏性和近壁面速度分布发生改变，对层流边界层的稳定性产生影响，使得层流向湍流的过渡推迟发生。

首先，黏性对流动的影响主要体现在两方面。一方面，扩散壁面切应力产生的涡旋会降低稳定性效应；另一方面，耗散扰动会增加稳定性效应。层流向湍流过渡的实质为流体黏性与湍流脉动之间相互作用的过程。在低 Re 条件下，流动受黏性控制，因受扰动所引起的湍流脉动衰减，因此增加稳定效应占据主导地位；随着 Re 增大，黏性的作用减弱，当 Re 大于某个临界值后，耗散扰动将超过黏性作用，失稳效应占据主导地位，流动开始进入过渡区。由于壁面加热作用，通道内流体黏性从壁面至流道中心逐渐降低，壁面产生的扰动不能得到有效的耗散，因此会降低流动稳定性，使过渡提前发生。从结果来看，加热导致了过渡推迟，因此加热导致流体黏性的改变并不是影响过渡的主要因素。

其次，从近壁面速度分布的变化来看。不可压缩流体在壁面的换热将会引起稳定性边界的改变，由于黏性与温度相关，壁面附近速度曲率可表示为：

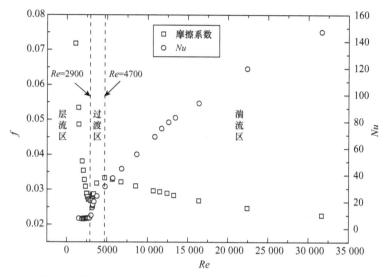

图 3.7　静止条件下矩形通道非等温摩擦系数和 Nu 随 Re 变化

$$\left(\frac{\partial^2 u}{\partial y^2}\right)_{\text{w}} = -\frac{1}{\mu_{\text{w}}}\left(\frac{\partial \mu}{\partial y}\right)_{\text{w}}\left(\frac{\partial u}{\partial y}\right)_{\text{w}} \tag{3-7}$$

对于壁面冷却流动工况，由于 $T_{\text{w}}<T_{\text{f}}$，壁面附近的温度梯度为正值，即 $(\partial T/\partial y)_{\text{w}}>0$，又由于黏性随温度增加而减小，有 $(\partial \mu/\partial y)_{\text{w}}<0$，且壁面附近速度梯度为正，$(\partial u/\partial y)_{\text{w}}>0$，因此在壁面附近的速度曲率 $(\partial^2 u/\partial y^2)_{\text{w}}>0$。如图 3.8 所示，根据边界层理论，随着流体质点与壁面距离增大，其受到的壁面切应力作用越来越小，速度曲率也逐渐减小。由此可以推断，由于在距壁面无穷远处质点所受黏性的影响可以忽略，速度曲率为负值，在边界层内必然存在一个速度曲率为 0 的拐点，导致边界层分离，破坏流动的稳定性。

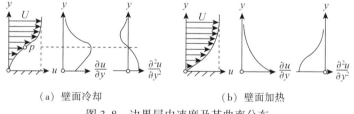

（a）壁面冷却　　　　　　　　　（b）壁面加热
图 3.8　边界层内速度及其曲率分布

对于壁面加热状态，由于 $T_{\text{w}}>T_{\text{f}}$，因此在整个壁面边界层内速度曲率 $(\partial^2 u/\partial y^2)_{\text{w}}<0$，出入口温差越大，壁面与主流中心温度差也越大，即 $\partial \mu/\partial y$ 越大；同时，由于加热导致壁面附近的流体黏性降低，在通道中心处的速度分布随着加热功率增加而趋向于平坦，在近壁附近的速度梯度变得更大，即 $(\partial u/\partial y)_{\text{w}}$ 也随着进出口温差增加而变大，导致壁面附近速度曲率随出入口温差增加而减小。Serkan Ozgen、Buyukalaca 等[4,5]通过将温度对边界层内流体物性的影响引入不可压缩流体稳定方程，认为由于加热导致管道中心速度分区趋向于平坦，这种速度剖面分布在壁面附近的速度损失更小，因而结构更加稳定。由此可知加热对层流区边界层有稳定作用，导致层流向湍流过渡推迟。在本书所列条件下，层流向湍

流过渡的临界 Re 高于等温条件下的临界 Re 就是由于这一原因所导致的。

在非等温流动中，由于壁面加热会形成区别于等温流动的两种情况，即壁面与流体温度差和在流动方向上的流体温度差，因而在壁面与流体之间、在流体流动方向上存在物性差异。鉴于这一原因，采用物性比方法将非等温和等温层流临界 Re 进行关联。对于液体介质而言，由于黏性变化在各项物性效应中起最重要作用，因此可得到如下关联式：

$$Re_{\text{cr, non}} = Re_{\text{cr, iso}} \bigg/ \left(\frac{\mu_{\text{w}}}{\mu_{\text{f}}}\right)^{m} \tag{3-8}$$

其中：黏度 μ_{w} 的定性温度为壁面平均温度，而 μ_{f} 的定性温度则为流体平均温度，物性比指数 m 是几何形状以及流动形式的函数。

利用式（3-8）对等温和非等温流动条件下的临界 Re 进行关联，可以发现在等温流动临界 Re 为 2500 和 $m=0.58$ 时非等温流动条件下的临界 Re 理论值为 3065，这一结果相对实验值 2900 仅偏高约 5.7%，因此非等温条件下的临界 Re 预测关系式可近似表达为：

$$Re_{\text{cr, non}} = Re_{\text{cr, iso}} \bigg/ \left(\frac{\mu_{\text{w}}}{\mu_{\text{f}}}\right)^{0.58} \tag{3-9}$$

（2）层流和湍流摩擦系数

对于非等温摩擦系数，同样采用物性比方法考虑黏性变化的影响，如式（3-10）：

$$\frac{f_{\text{non}}}{f_{\text{iso}}} = \left(\frac{\mu_{\text{w}}}{\mu_{\text{f}}}\right)^{m} \tag{3-10}$$

对于加热条件下的层流摩擦系数，根据 Deissler[6] 提出的 $m=0.58$ 进行物性修正；对于加热条件下的湍流摩擦系数，根据 Allen 和 Eckert[7] 提出的 $m=0.25$ 进行物性修正。

对于层流区摩擦系数，按照 $f_{\text{non}} \bigg/ \left(\frac{\mu_{\text{w}}}{\mu_{\text{f}}}\right)^{0.58} = C/Re$ 的形式进行最佳曲线拟合，得到如下层流非等温摩擦系数实验关系式：

$$f_{\text{non}} = \frac{89}{Re}\left(\frac{\mu_{\text{w}}}{\mu_{\text{f}}}\right)^{0.58} \qquad (1000 \leqslant Re \leqslant 2900) \tag{3-11}$$

该关系式相对实验结果的偏差在 ±4% 以内，如图 3.9 所示。

对于湍流区摩擦系数，按照 $f_{\text{non}} \bigg/ \left(\frac{\mu_{\text{w}}}{\mu_{\text{f}}}\right)^{0.25} = C/Re^{n}$ 的形式进行最佳曲线拟合，得到如下湍流非等温摩擦系数实验关系式：

$$f_{\text{non}} = \frac{0.196\ 5}{Re^{0.2}}\left(\frac{\mu_{\text{w}}}{\mu_{\text{f}}}\right)^{0.25} \qquad (4700 \leqslant Re \leqslant 32\ 000) \tag{3-12}$$

该关系式相对实验结果的偏差在 ±4% 以内，如图 3.10 所示。

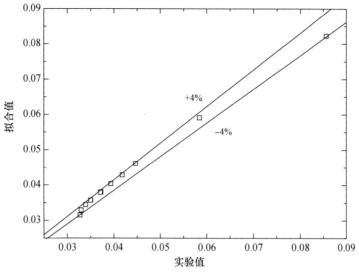

图 3.9　层流非等温摩擦系数拟合值和实验值偏差

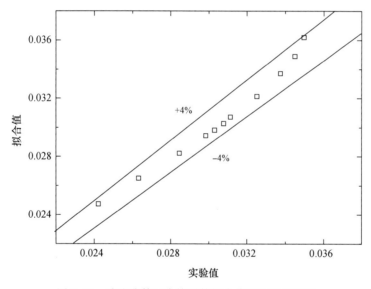

图 3.10　湍流非等温摩擦系数拟合值和实验值偏差

对于管道内湍流充分发展，有较多学者提出了等温摩擦系数预测关系式，如表 3.5 所示。值得一提的是，Kakaç[8]关系式是其中唯一明确提出预测矩形通道湍流摩擦系数的关系式，并且采用 Techo 关系式作为计算依据，矩形通道形体比 α^* 取值范围为 0~1；Moody[9]关系式是其中唯一考虑了通道壁面相对粗糙度的关系式，本实验采用的低 α^* 矩形通道壁面相对粗糙度值约为 9.18×10^{-4}，处于其预测范围之内。

表 3.5　经典湍流流动预测关系式

研究者	关系式	适用范围
Blasius	$f=0.316\ 4/Re^{0.25}$	$4\times10^3\leqslant Re\leqslant10^5$
McAdams	$f=0.184/Re^{0.2}$	$3\times10^4\leqslant Re\leqslant10^6$
Techo	$f=\dfrac{4}{\left(1.737\ 2\ln\dfrac{Re}{1.964\ln Re-3.821\ 5}\right)^2}$	$10^4\leqslant Re\leqslant10^7$
Kakaç	$f=(1.087\ 5-0.112\ 5\alpha)\ f_{Techo}$	$5000\leqslant Re\leqslant10^7$
Moody	$f=5.5\times10^{-3}\left[1+21.544\left(\dfrac{\varepsilon}{D_e}+\dfrac{100}{Re}\right)^{1/3}\right]$	$4000\leqslant Re\leqslant10^8$ $2\times10^{-8}\leqslant\varepsilon/D_e\leqslant0.1$

在实验关系式与各经典湍流摩擦系数预测关系式的对比中，如图 3.11 所示，Kakaç[8]关系式预测值整体偏高，最大预测偏差在 13.5% 左右，McAdams[10]关系式预测值整体偏低，最大预测偏差为 -6.4%；Blasius[3]、Techo[11]、Moody[9]三个关系式的预测偏差较为接近，分别在 ±5.5%、±6%、±7% 以内。这一结果表明 Blasius 关系式对实验结果的预测最为接近。

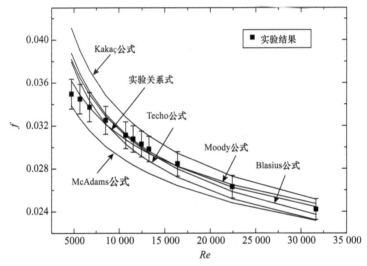

图 3.11　湍流非等温摩擦系数实验值和经典关系式预测值对比

3.3　倾斜条件下单相流动阻力特性

在实验本体倾斜条件下进行了等温流动实验和非等温实验，其热工参数范围同静止条件下的热工参数范围一致，x 轴方向倾斜角度：15°、30°、45°；y 轴方向倾斜角度：15°、25°。

3.3.1 瞬态流动阻力特性

（1）流体动力学及压降特性

在倾斜条件下，由于通道方位角发生改变，重力同时作用于通道轴向和径向，重力在轴向的作用减小并引起轴向压力梯度的改变，在该方向压力梯度、重力和切应力达到另一种流体动力学动态平衡状态，这种情况下的流体微元受力情况如图 3.12 所示。

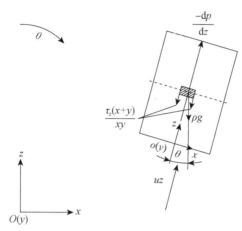

图 3.12　倾斜条件下流体受力示意图

沿通道轴向的流体动力学平衡方程可写为：

$$- \rho g \cos \theta - \frac{\mathrm{d}p}{\mathrm{d}z} = \tau_z \frac{x + y}{xy} \tag{3-13}$$

根据该方程所表示的物理意义可知，在倾斜过程中，如果重力在轴向的作用减小使得压力梯度的作用同步减小，则轴向切应力不发生改变。

对式（3-14）沿着通道轴向进行积分，可以得到该方向的压降平衡关系式，即总压降等于重位压降和摩擦压降之和：

$$\Delta p = \Delta p_\mathrm{g} + \Delta p_\mathrm{F} \tag{3-14}$$

$$\Delta p_\mathrm{g} = \rho_\mathrm{m} g l \cos \theta \tag{3-15}$$

$$\Delta p_\mathrm{F} = \int_0^l \tau_z \frac{x + y}{xy} \mathrm{d}z \tag{3-16}$$

式（3-14）~式（3-16）表明，重位压降、摩擦压降和总压降分别从重力、切应力和压力梯度在轴向做功的角度宏观地反映了通道内流体动力学特性。在如图 3.13 所示的实验结果中，倾斜运动都会造成通道内重位压降的改变和总压降的重新分配，而从总压降中分离出重位压降后，摩擦压降没有发生改变。这种压降变化特点反映了倾斜条件下流体动力学结构关系的重新调整，重力和压力梯度在通道轴向的作用同步减小，而轴向平均切应力不发生变化。

此外，在倾斜条件下，当重力和压力梯度在通道轴向的作用减小时，这些力在通道径向的作用却会增强，这种情况下的流体动力学平衡情况取决于倾斜方向。

当绕 x 轴倾斜时，在 yz 平面（窄边平面）内有：

$$-\rho g \sin \theta - \frac{\mathrm{d}p}{\mathrm{d}y} = \tau_y \frac{x+z}{xz} \tag{3-17}$$

当绕 y 轴倾斜时，在 xz 平面（宽边平面）内有：

$$-\rho g \sin \theta - \frac{\mathrm{d}p}{\mathrm{d}x} = \tau_x \frac{y+z}{yz} \tag{3-18}$$

在以上两个方程中，如果径向切应力不发生变化，则径向方向上不会产生二次流动，通道内速度场和温度场不会发生改变；如果径向切应力发生变化，则径向方向会产生二次流动，通道内速度场和温度场会发生改变。

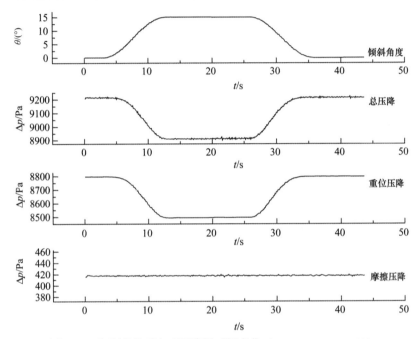

图 3.13　倾斜条件下各项压降随时间变化（$\theta_x = 15°$，$Re = 1100$）

（2）流量和摩擦系数

在通道内部流动过程中，由于轴向切应力作用是决定速度场轴向分布的流体动力学机制，而流量是通道内轴向流速的积分函数，因此通过流量的变化可反映通道内轴向宏观流动特性的变化。在倾斜条件下，由于轴向平均切应力和摩擦压降不发生变化，因此通道内的流量和摩擦系数均相对静止条件下的情形保持不变，表现为稳态流动特性，如图 3.14 所示。

3.3.2　时均流动阻力特性

首先将实验本体倾斜和静止条件下通道内时均等温摩擦系数随 Re 的变化曲线进行对比，如图 3.15 所示。倾斜条件下层流向湍流过渡的临界 $Re = 2500$，自该点至 $Re = 4000$ 为过渡区，$Re > 4000$ 的区域为湍流区；实验本体倾斜条件下时均等温摩擦系数的变化曲线与静止条件下的曲线重合，这一结果表明倾斜条件下时均等温摩擦阻力特性可以利用静止条件下的相关实验关系式进行预测。

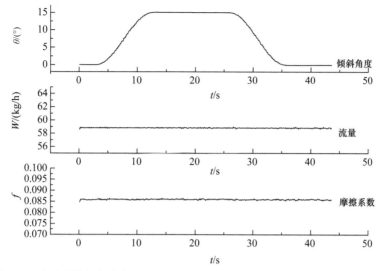

图 3.14　实验本体倾斜条件下流量和摩擦系数随时间变化（$\theta_x = 15°$，$Re = 1100$）

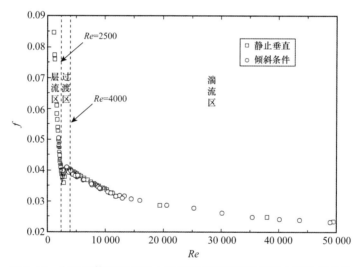

图 3.15　实验本体倾斜与静止条件下时均等温摩擦阻力特性的对比

其次将实验本体倾斜和静止条件下通道内时均非等温摩擦系数和随 Re 的变化曲线进行对比，如图 3.16 所示。倾斜条件下层流向湍流过渡的临界 $Re = 2900$，自该点至 $Re = 4700$ 为过渡区，$Re > 4700$ 的区域为湍流区；倾斜条件下时均参数的变化曲线与静止条件下的曲线重合，这一结果表明倾斜条件下时均非等温摩擦阻力特性可以利用静止条件下的相关实验关系式进行预测。

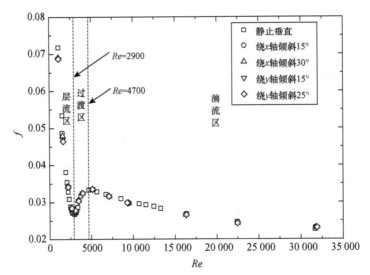

图 3.16　实验本体倾斜与静止条件下时均非等温摩擦阻力特性的对比

3.4　摇摆条件下单相流动阻力特性

实验本体摇摆运动分别为矩形通道绕 x 轴和绕 y 轴的正弦规律运动，如表 3.6 所示。矩形通道摇摆运动参数如表 3.7 和表 3.8 所示。摇摆角度分别为 5°、10°、20°，角加速度范围为 $0.11 \sim 0.46$ rad/s，角加速度范围为 $0.07 \sim 0.6$ rad/s^2。

表 3.6　矩形通道摇摆运动规律

角位移/(°)	角速度/(rad/s)	角加速度/(rad/s^2)
$\theta = \theta_{max}\sin\left(\dfrac{2\pi}{T}\cdot t\right)$	$\omega = \theta_{max}\cdot\dfrac{2\pi}{T}\cos\left(\dfrac{2\pi}{T}\cdot t\right)$	$\beta = -\theta_{max}\cdot\left(\dfrac{2\pi}{T}\right)^2\sin\left(\dfrac{2\pi}{T}\cdot t\right)$

表 3.7　矩形通道等温流动摇摆运动参数

$\theta_{max}/(\pm°)$	T/s	$\omega_{max}/(\pm\text{rad/s})$	$\beta_{max}/(\pm\text{rad/s}^2)$
20 [x 轴（横摇）]	20	0.11	0.03
20 [x 轴（横摇）]	10	0.22	0.14
20 [x 轴（横摇）]	4.8	0.46	0.60
30 [x 轴（横摇）]	8	0.41	0.32
10 [y 轴（纵摇）]	10	0.11	0.07
10 [y 轴（纵摇）]	5	0.22	0.28
20 [y 轴（纵摇）]	4.8	0.46	0.60
25 [y 轴（纵摇）]	8	0.34	0.27

表 3.8　矩形通道非等温流动摇摆运动参数

$\theta_{max}/(\pm°)$	T/s	$\omega_{max}/(\pm rad/s)$	$\beta_{max}/(\pm rad/s^2)$
10 [x、y 轴（横摇、纵摇）]	6	0.18	0.19
10 [x、y 轴（横摇、纵摇）]	8	0.14	0.11
10 [x、y 轴（横摇、纵摇）]	10	0.11	0.07
20 [x、y 轴（横摇、纵摇）]	4.8	0.46	0.60
20 [x、y 轴（横摇、纵摇）]	6	0.37	0.38
20 [x、y 轴（横摇、纵摇）]	8	0.27	0.22
20 [x、y 轴（横摇、纵摇）]	10	0.22	0.14
30 [x 轴（横摇）]	10	0.33	0.21

3.4.1　瞬态流动阻力特性

（1）流体动力学及压降特性

在摇摆条件下，除了由于通道方位角发生改变引起重力作用大小的改变外，还引入了瞬变的摇摆外力，即离心力、切向力和科氏力。其中，离心力在摇摆轴线至流体质点的位置矢量方向作用于流体，切向力在垂直于该位置矢量的方向作用于流体，科氏力在通道径向作用于流体，这些体积力的变化引起压力梯度的相应变化，压力梯度、重力、离心力、切向力、科氏力和切应力处于流体动力学动平衡状态。这种情况下的流体微元受力情况如图 3.17 所示。

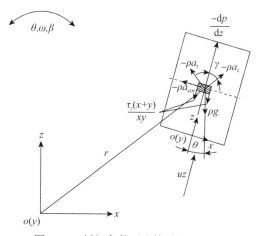

图 3.17　摇摆条件下流体受力示意图

沿通道轴向的流体动力学平衡方程可写为：

$$-\rho g \cos\theta - \rho a_c \cos\gamma - \rho a_t \sin\gamma - \frac{dp}{dz} = \tau_z \frac{x+y}{xy} \qquad (3-19)$$

式中：γ——离心力与通道轴向的夹角。

根据矢量相乘法则，离心力与切向力的大小可分别计算为：

$$- a_c = \omega^2 r \tag{3-20}$$

$$- a_t = \beta r \tag{3-21}$$

式中：ω、β——摇摆角速度和角加速度。

两者与摇摆角度 θ 的关系如下：

$$\beta = \frac{d\omega}{dt} = \frac{d^2\theta}{dt^2} \tag{3-22}$$

于是，式（3-19）可进一步写为：

$$- \rho g\cos\theta + \rho\omega^2 r\cos\gamma + \rho\beta r\sin\gamma - \frac{dp}{dz} = \tau_z \frac{x+y}{xy} \tag{3-23}$$

式中：$r\cos\gamma = z$，当通道绕 x 轴倾斜时，$r\sin\gamma = y$；当通道绕 y 轴倾斜时，$r\sin\gamma = x$。

根据该方程所表示的物理意义可知，在摇摆条件下，通道方位角的变化会导致重力在轴向的作用减小，离心力的大小随着摇摆加速度的变化而变化，切向力的大小随着摇摆角加速度的变化而变化；离心力和切向力随着流体质点位置的不同而变化，表现为非保守力性质，使得通道内流体所受切应力可能发生时空特性的变化。在这一过程中，压力梯度、重力、离心力、切向力和切应力处于流体动力学动平衡状态。如果重力、离心力、切向力在轴向的合力与压力梯度的变化值相同，则切应力保持不变，摩擦压降和流量应该表现为稳态特征；反之，则切应力会发生改变，摩擦压降和流量应该表现为非稳态特征。

对式（3-23）沿着通道轴向进行积分，可以得到该方向的压降平衡关系式，即总压降等于重位压降、向心加速压降、切向加速压降和摩擦压降之和：

$$\Delta p = \Delta p_g + \Delta p_c + \Delta p_t + \Delta p_F \tag{3-24}$$

$$\Delta p_g = \rho_m gl\cos\theta \tag{3-25}$$

$$\Delta p_c = - \rho_m \frac{\omega^2}{2}(r_2^2 - r_1^2) \tag{3-26}$$

$$\Delta p_t = - \rho_m \beta r_0 L \tag{3-27}$$

$$\Delta p_F = \int_0^l \tau_z \frac{x+y}{xy} dz \tag{3-28}$$

式中：r_1、r_2——摇摆轴线到通道进、出口中心点处的位置矢量长度；

r_0——同时垂直于摇摆轴线和通道轴向中心线的位置矢量长度。

式（3-24）~式（3-28）表明，重位压降、离心瞬变压降、切向瞬变压降、摩擦压降和总压降分别从重力、离心力、切向力、切应力和压力梯度在轴向做功的角度宏观地反映了通道内流体动力学特性。

如图 3.18 所示的实验结果中，横摇和纵摇都引起了通道内重位压降、离心瞬变压降和切向瞬变压降的周期性变化，这一变化同时引起了总压降的重新分配，随时间呈现"马鞍"形的周期性波动；从总压降中分离出重位压降、向心加速压降和切向加速压降后，摩擦压降未发生明显变化和波动现象。这一压降变化特点反映了摇摆条件下单相流体动力学结构关系的重新调整，重力、离心力、切向力的合力和压力梯度在通道轴向的作用同步增强或减弱，轴向平均切应力不发生变化。

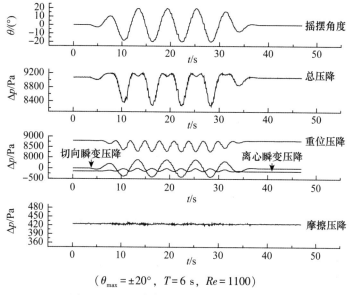

$$(\theta_{\max} = \pm 20°,\ T = 6\ \text{s},\ Re = 1100)$$

图 3.18　摇摆条件下各项压降随时间变化

此外，在摇摆条件下，当重力、离心力、切向力和压力梯度在通道轴向的作用发生变化时，这些力和科氏力在通道径向的作用也会发生变化，这种情况下的流体动力平衡情况取决于摇摆方向。

当绕 x 轴摇摆时，在 yz 平面（窄边平面）内有：

$$-\rho g \sin\theta - \rho a_{\text{c}} \sin\gamma - \rho a_{\text{t}} \cos\gamma - \rho a_{\text{cor}} - \frac{\text{d}p}{\text{d}y} = \tau_y \frac{x+z}{xz} \tag{3-29}$$

当绕 y 轴摇摆时，在 xz 平面（宽边平面）内有：

$$-\rho g \sin\theta - \rho a_{\text{c}} \sin\gamma - \rho a_{\text{t}} \cos\gamma - \rho a_{\text{cor}} - \frac{\text{d}p}{\text{d}x} = \tau_x \frac{y+z}{yz} \tag{3-30}$$

根据矢量相乘法则，科氏力的大小可计算为：

$$-a_{\text{cor}} = 2\omega u \tag{3-31}$$

式（3-31）表明，科氏力随着摇摆角速度和流速的增大而增大。

于是，式（3-29）和式（3-30）可分别写为：

$$-\rho g \sin\theta + \rho\omega^2 y + \rho\beta z + 2\rho\omega u - \frac{\text{d}p}{\text{d}y} = \tau_y \frac{x+z}{xz} \tag{3-32}$$

$$-\rho g \sin\theta + \rho\omega^2 x + \rho\beta z + 2\rho\omega u - \frac{\text{d}p}{\text{d}x} = \tau_x \frac{y+z}{yz} \tag{3-33}$$

式（3-32）和式（3-33）表明，在摇摆条件下，通道径向各项力的变化情况与通道轴向的情形类似，重力、离心力、切向力分别随着摇摆角度、摇摆角速度和摇摆角加速度发生变化，离心力和切向力随流体质点的位置不同而变化；与在通道轴向的变化情况相区别的是科氏力随摇摆角速度和质点当地流速的变化而变化。在以上两个方程中，如果切应力不发生变化，则径向方向上不会产生二次流动，通道内速度场和温度场不会发生改变；

如果切应力发生变化，则径向方向会产生二次流动，通道内速度场和温度场会发生改变。

（2）流量和摩擦系数

在通道内部流动过程中，由于轴向切应力作用是决定速度场轴向分布的流体动力学机制，而流量是通道内轴向流速的积分函数，因此通过流量的变化可反映通道内轴向宏观流动特性的变化。在摇摆条件下，由于轴向平均切应力和摩擦压降不发生变化，因此通道内的流量和摩擦系数均相对静止条件下的情形保持不变，表现为稳态流动特性，如图 3.19 所示。

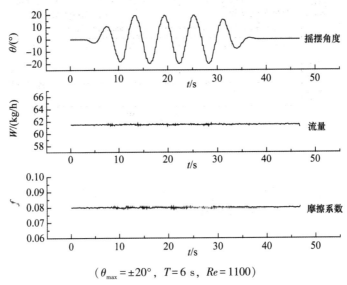

($\theta_{max} = \pm 20°$，$T = 6$ s，$Re = 1100$)

图 3.19　实验本体摇摆条件下流量和摩擦系数随时间变化

3.4.2　时均流动阻力特性

首先将摇摆和静止条件下通道内时均等温摩擦系数随 Re 的变化曲线进行对比，如图 3.20 所示。摇摆条件下层流向湍流过渡的临界 $Re = 2500$，自该点至 $Re = 4000$ 为过渡区，$Re > 4000$ 的区域为湍流区；摇摆条件下时均等温摩擦系数的变化曲线与静止条件下的曲线重合，这一结果表明摇摆条件下时均等温摩擦阻力特性可以利用静止条件下的相关实验关系式进行预测。

其次将实验获得的摇摆和静止条件下通道内时均非等温摩擦系数随 Re 的变化曲线进行对比，如图 3.21 所示，摇摆条件下层流向湍流过渡的临界 $Re = 2900$，自该点至 $Re = 4700$ 为过渡区，$Re > 4700$ 的区域为湍流区；摇摆条件下两个时均参数的变化曲线与静止条件下的曲线重合，这一结果表明摇摆条件下时均非等温流动摩擦阻力特性可以利用静止条件下的相关实验关系式进行预测。

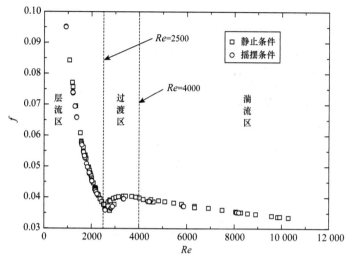

图 3.20 实验本体摇摆与静止条件下时均等温流动摩擦阻力特性的对比

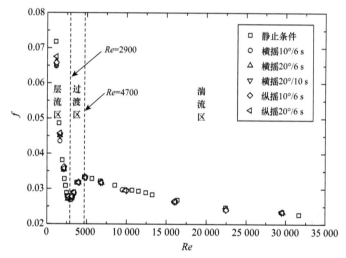

图 3.21 实验本体摇摆与静止条件下时均非等温摩擦阻力特性的对比

3.5 静止条件下单相传热特性

首先以静止条件下低 α^* 矩形通道内传热特性为对象，通过分析实验数据，建立静止条件下的传热实验关系式，为分析瞬变外力场传热特性的规律提供对比基础。由实验获得的通道内非等温 Nu 随 Re 的变化曲线，如图 3.21 所示，层流向湍流过渡的临界 $Re=2900$，自该点至 $Re=4700$ 为过渡区，$Re>4700$ 的区域为湍流区。

（1）层流和湍流 Nu

在层流传热工况中，由于第一个外壁面测温点（$z=175$ mm）上游的层流传热处于入口段效应区内，该区域外壁温明显低于下游外壁温沿轴向分布所遵循的线性趋势预测值，局部 Nu 相应地高于下游层流传热充分发展区的结果，如图 3.22 所示。

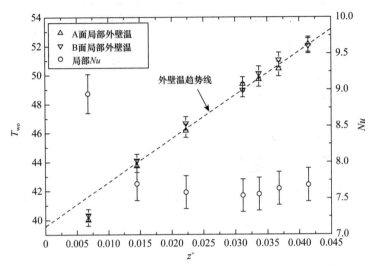

图 3.22 层流传热局部外壁温和 Nu（$Re = 1523$，$Pr = 4.86$）

将层流传热充分发展区的局部 Nu 进行算术平均，获得不同 Re 所对应的平均 Nu，并按照 $Nu = C$ 的形式对结果进行曲线拟合，得到的关系式相对实验结果的偏差在 ±5% 以内。对于不同形体比的矩形通道内层流充分发展，Shah 和 London[12] 提出了以下 Nu 预测关系式：

$$Nu = 8.235(1 - 2.042\,1\alpha^* + 3.085\,3\alpha^{*2} -$$
$$2.476\,5\alpha^{*3} + 1.057\,8\alpha^{*4} - 0.186\,1\alpha^{*5} \quad\quad (3\text{-}34)$$

利用该关系式预测实验条件下矩形通道内的层流平均 Nu 偏差为 -3.9‰，如图 3.23 所示。这一结果表明两个关系式对实验结果的预测有很好的一致性。

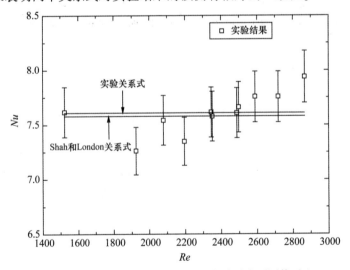

图 3.23 层流平均 Nu 实验值和经典关系式预测值对比

在湍流传热工况中，由于湍流传热在第一个外壁面测温点（$z=175$ mm）上游已经充分发展，因此所有外壁温沿轴向的分布均遵循同一线性趋势，局部 Nu 大小比较接近，如图 3.24 所示。

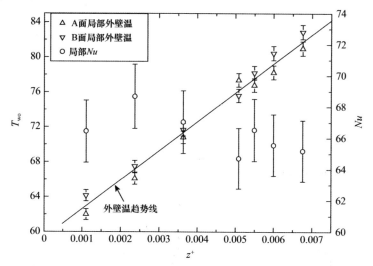

图 3.24　湍流传热局部外壁温和 Nu（$Re=10\ 895$，$Pr=4.17$）

将湍流传热充分发展区的局部 Nu 进行算术平均，获得不同 Re 所对应的平均 Nu，并按照 $Nu = CRe^mPr^{0.4}$ 的形式对结果进行曲线拟合，得到如下湍流传热 Nu 实验关系式（3-35），该关系式相对实验结果的偏差在±7%以内，如图 3.25 所示。

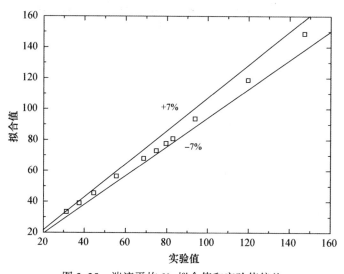

图 3.25　湍流平均 Nu 拟合值和实验值偏差

$$Nu = 0.011\ 8Re^{0.87}Pr^{0.4} \quad (4700 \leqslant Re \leqslant 32\ 000,\ 2.4 \leqslant Pr \leqslant 4.3) \quad (3\text{-}35)$$

对于管道内湍流充分发展，较为经典的两个 Nu 预测关系式如表 3.9 所示。在与实验关系式的对比中，如图 3.26 所示，Dittus-Boelter[13] 关系式的预测精度为在±8%以内，Gnielinski[14] 关系式的预测精度在±4%以内。这一结果表明，Gnielinski 关系式与实验关系式对实验结果的预测有最为接近的一致性。

表 3.9　经典湍流传热预测关系式

研究者	关系式	适用范围
Dittus-Boelter	$Nu=0.023Re^{0.8}Pr^{0.4}$	$2500 \leqslant Re \leqslant 1.24 \times 10^5$ $0.7 \leqslant Pr \leqslant 120$
Gnielinski	$Nu=\dfrac{(f/8)(Re-1000)Pr}{1+12.7\sqrt{f/8}(Pr^{2/3}-1)}$ $f=(0.79\ln Re-1.64)^{-2}$ (Filonenko)	$2300 \leqslant Re \leqslant 5 \times 10^6$ $0.5 \leqslant Pr \leqslant 2000$

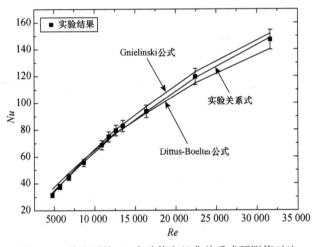

图 3.26　湍流平均 Nu 实验值和经典关系式预测值对比

3.6　瞬变外力场单相传热特性

3.6.1　倾斜条件

（1）瞬态传热特性

在通道内部对流传热过程中，由于轴向和径向切应力的共同作用是决定局部速度场分布的流体动力学机制，局部速度场与温度场之间的耦合作用决定了通道内局部传热特性，因此通过局部流体温度和壁面温度的变化可反映通道内局部传热特性的变化。

在恒热流密度加热条件下，两种倾斜条件下通道进出口水温、各点壁面温度和局部 Nu 没有发生明显改变，如图 3.27 所示。这一局部传热特性与其流体动力学特性相符合，由于轴向切应力作用相对静止条件下的情形不变，径向切应力作用的变化也不明显，几乎不产生二次流动，因此通道内局部传热特性相对静止条件下的情形几乎不发生变化，表现为稳态传热特性。

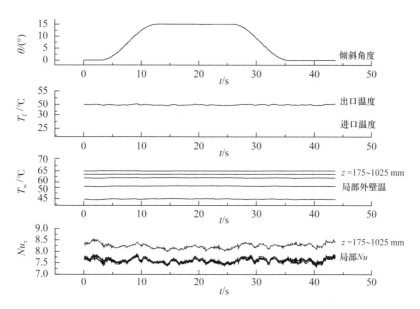

图 3.27 实验本体倾斜条件下进出口水温、局部外壁温和 Nu 数随时间变化
($\theta_x = 15°$，$Re = 1100$，$Pr = 4.48$)

（2）时均传热特性

将倾斜和静止条件下通道内时均非等温 Nu 随 Re 的变化曲线进行对比，如图 3.28 所示。倾斜条件下层流向湍流过渡的临界 $Re = 2900$，自该点至 $Re = 4700$ 为过渡区，$Re >$ 4700 的区域为湍流区；倾斜条件下时均参数的变化曲线与静止条件下的曲线重合，这一结果表明倾斜条件下时均非等温传热特性可以利用静止条件下的相关实验关系式进行预测。

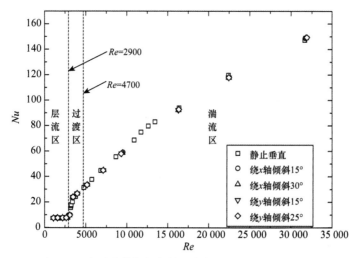

图 3.28 实验本体倾斜与静止条件下 Nu 随 Re 变化曲线

3.6.2 摇摆条件

（1）瞬态传热特性

在通道内部对流传热过程中，由于轴向和径向切应力的共同作用是决定局部速度场分布的流体动力学机制，局部速度场与温度场之间的耦合作用决定了通道内局部传热特性，因此通过局部流体温度和壁面温度的变化可反映通道内局部传热特性的变化。

在恒热流密度加热条件下，不同摇摆条件下通道进口水温没有发生明显变化，但在低流量条件下出口水温和各点壁面温度呈现不同程度周期性波动，如图 3.29 所示，摇摆角振幅越大或者摇摆周期越小，这种波动就越明显，波动周期与摇摆周期相同；由于通道加热面与流体在不同工况条件下具有不同的储热效应，因此水温和壁温的波动相位存在不同程度的滞后。随着流量的增大，两种温度波动现象减弱。这是由于当流量增大时，轴向切应力的作用增强，径向切应力的作用相对变小，使得通道内速度场和温度场更趋向稳定。在现有实验参数范围内，当摇摆角振幅为 ±20°、周期为 4.8 s、角加速度为 0.7 rad/s^2 时，在流量 60～1100 kg/h 的范围，出口水温和壁面温度波动范围均在 ±0.2 ℃ 以内，局部 Nu 波动范围在 ±4% 以内。这一结果表明，较强摇摆运动对通道内低流量条件下局部传热特性会产生一定程度影响。

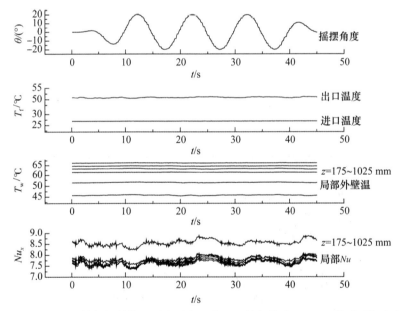

图 3.29　实验本体摇摆条件下层流进出口水温、局部外壁温和 Nu 数随时间变化
（$\theta_{y,\max} = \pm20°$，$T = 6$ s，$Re = 1100$，$Pr = 4.48$）

（2）时均传热特性

将实验获得的摇摆和静止条件下通道内时均非等温 Nu 随 Re 的变化曲线进行对比，如图 3.30 所示，摇摆条件下层流向湍流过渡的临界 $Re = 2900$，自该点至 $Re = 4700$ 为过渡区，$Re > 4700$ 的区域为湍流区；摇摆条件下两个时均参数的变化曲线与静止条件下的曲线

重合，这一结果表明摇摆条件下时均非等温流动传热特性可以利用静止条件下的相关实验关系式进行预测。

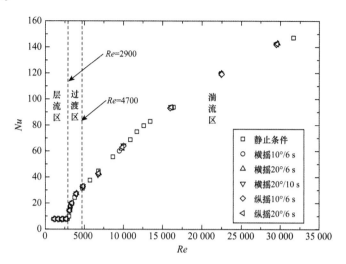

图 3.30　实验本体摇摆与静止条件下 Nu 随 Re 变化曲线

3.7　参考文献

［1］李玉柱，贺五洲. 工程流体力学［M］. 北京：清华大学出版社，2006.

［2］Clark S H, Kays W M. Laminar-Flow Forced Convection in Rectangular Tubes［J］. Journal of Fluids Engineering, 1953, 75(5)：859-866.

［3］Blasius H. Das aehnlichkeitsgesetz bei reibungsvorgängen in flüssigkeiten［M］//Mitteilungen über Forschungsarbeiten auf dem Gebiete des Ingenieurwesens：insbesondere aus den Laboratorien der technischen Hochschulen. Berlin, Heidelberg：Springer Berlin Heidelberg, 1913：1-41.

［4］Özgen S. Effect of heat transfer on stability and transition characteristics of boundary-layers［J］. International journal of heat and mass transfer, 2004, 47(22)：4697-4712.

［5］Büyükalaca O, Jackson J D. The correction to take account of variable property effects on turbulent forced convection to water in a pipe［J］. International journal of heat and mass transfer, 1998, 41(4-5)：665-669.

［6］Deissler R G. Analytical investigation of fully developed laminar flow in tubes with heat transfer with fluid properties variable along the radius［R］. 1951.

［7］Allen R W, Eckert E R G. Friction and Heat-Transfer Measurements to Turbulent Pipe Flow of Water ($Pr=7$ and 8) at Uniform Wall Heat Flux［J］. Journal of Heat Transfer, 1964, 86 (3)：301-310.

［8］Kakaç S, Shah R K, Aung W. Handbook of single-phase convective heat transfer［M］//Wiley Interscience, 1987.

[9] Moody L F. Friction factors for pipe flow[J]. Transactions of the American Society of Mechanical Engineers, 1944, 66(8): 671-678.

[10] McAdams W H. Heat Transmission[M]. [s. n.], 1954.

[11] Techo R, Tickner R R, James R E. An Accurate Equation for the Computation of the Friction Factor for Smooth Pipes From the Reynolds Number [J]. Journal of Applied Mechanics, 1965, 32(2): 443-443.

[12] Shah R K, London A L, White F M. Laminar Flow Forced Convection in Ducts[J]. Journal of Fluids Engineering, 1980, 102(2): 256-257.

[13] Dittus F W, Boelter L M K. Heat transfer in automobile radiators of the tubular type[J]. International communications in heat and mass transfer, 1985, 12(1): 3-22. [14] Gnielinski V. New equations for heat and mass transfer in turbulent pipe and channel flow[J]. International chemical engineering, 1976, 16(2): 359-367.

第 4 章
瞬变外力场汽泡动力学特性

沸腾过程中汽泡的核化、生长和脱离是微观传热研究的重要组成部分，在强制对流沸腾过程中，微观传热中的汽泡核化和脱离现象所引起的换热称为微对流，与宏观传热中的宏观对流紧密联系，这种微观现象对于总体流动传热的作用和影响一直是沸腾换热研究的热点之一，本章介绍了在实验本体静止条件和瞬变外力场条件下矩形加热通道内汽泡的生长、脱离特性以及汽泡受力模型等内容。

4.1 瞬变外力场单汽泡生长和脱离特性

典型汽泡生长循环的一般过程：（1）汽泡底部微液层液膜气化，壁温降落；（2）微液层汽化完毕，周围液体过热使汽泡继续长大，但蒸汽导热变差，壁温开始上升；（3）汽泡脱离壁面，同时冷液体涌入，壁温又开始下降；（4）冷液体到达表面后重建热附面层，壁温则又达到孕育第二个胚核条件，循环重新开始。这一生长循环过程中汽泡按以下几个步骤变化。

（1）汽泡产生、孕育。

（2）汽泡生长。汽泡生长与汽泡增长速率、汽化过程、汽泡周围液体的扰动和位移有关。扰动增强了液体对流，受影响区大致为汽泡直径的两倍。从汽泡开始增长到脱离之间的时间称为增长周期。

（3）汽泡脱离，汽泡长大终止，增长周期结束。汽泡脱离，冷液体涌入，占有原来的汽泡容积。

（4）重建液体热附面层，热附面层的厚度约为 $10^{-2} \sim 10^{-1}$ cm。从汽泡脱离到下一个汽泡产生的时间为等待时间。

4.1.1 竖直条件下汽泡生长和脱离特性

核化空穴尺寸的不同可能会对汽泡的生长规律以及脱离时间产生一定的影响，进而影响汽泡脱离直径，为揭示热工参数和瞬变外力场对汽泡核化生长的影响，研究人员开展了汽泡生长和脱离特性实验，实验本体的流道形状和尺寸如图 4.1 所示，其中 L 和 d 分别为

42 mm 和 2 mm，H 为 600 mm。针对同拍摄窗口内同一核化点处分析了热工参数对汽泡核化生长的影响，压力范围约为 $0.15 \sim 0.166$ MPa，质量流速 $300 \sim 700$ kg/(m²·s)，入口过冷度 $10 \sim 40$ ℃。

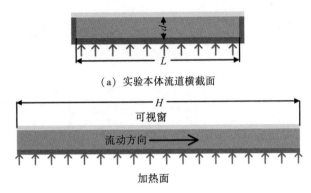

（a）实验本体流道横截面

（b）实验本体窄边剖面图

图 4.1　汽泡生长和脱离特性实验本体流道图

　　图 4.2 为实验本体静止条件时典型汽泡生长及脱离图像。从图中可以看到汽泡生长到脱离的整个过程，标记着"脱离"的图片为汽泡即将脱离核化点的时刻，该时刻的汽泡直径为汽泡脱离直径。通过图像后处理可获得汽泡在各个时刻的直径，进而得到汽泡生长曲线。本实验参数范围内，汽泡脱离后均沿着壁面滑移，没有立刻浮升脱离壁面的汽泡。汽泡脱离的判定方法为：以初始汽泡中心为原点，汽泡中心开始不断远离原点，汽泡中心刚开始脱离原点的一帧为汽泡脱离时刻。

$p = 0.142$ MPa，$\Delta T_{sub} = 39.6$ ℃，$G = 296.4$ kg/(m²·s)，$q = 77.5$ kW/m²

图 4.2　实验本体静止流体竖直向上流动时典型单汽泡生长图

（1）热流密度对汽泡生长和脱离的影响

　　图 4.3 为其他热工参数近似相同时，竖直条件下热流密度对汽泡生长和脱离的影响。从图中可以看出，在汽泡生长至脱离的整个过程中，随着热流密度的增加，汽泡生长速率逐渐增加，汽泡的脱离时间明显变短，热流密度对汽泡脱离直径的影响规律并不明显。这主要是由于随着热流密度的增加，汽泡在生长过程中从加热面上吸收了更多的热量，使得汽泡的生长速率增加。

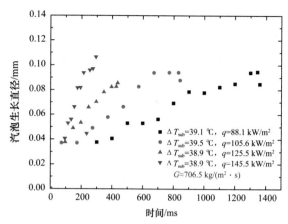

图 4.3　竖直条件下热流密度对汽泡生长和脱离的影响

（2）质量流速对汽泡生长和脱离的影响

图 4.4 为其他热工参数近似相同时，竖直条件下质量流速对汽泡生长和脱离的影响。从图中可以看出，随着质量流速的增加，汽泡生长速率减小，汽泡的脱离时间变长，这主要是由于随着质量流速的增加，在其他热工参数近似不变的条件下，汽泡在生长的过程中从加热面上吸收的热量减小，使得汽泡的生长速率变小，需要一定时间生长才能够满足脱离条件。随着质量流速的增加，尽管汽泡脱离时间有所增加，有利于汽泡生长直径的增加。但就综合效应来说，由于汽泡生长速率减小以及汽泡脱离动力曳力的影响，使得汽泡脱离直径减小。

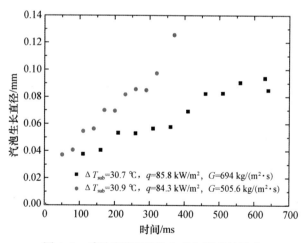

图 4.4　质量流速对汽泡生长和脱离的影响

（3）过冷度对汽泡生长和脱离的影响

图 4.5 为其他热工参数近似相同时，竖直条件下过冷度对汽泡生长和脱离的影响，从图中可以看出，随着过冷度的增加，汽泡生长速率减小，汽泡的脱离时间明显变长，这主要是由于随着过冷度的增加，在其他热工参数近似不变的条件下，汽泡在生长的过程中从加热面上吸收的热量减小，使得汽泡的生长速率变小。过冷度对汽泡生长速率和脱离时间

的影响规律相反，在汽泡生长速率减小的条件下，汽泡需要较长时间的生长才能够满足汽泡脱离条件，但总体来说，过冷度对汽泡脱离直径的影响不明显。

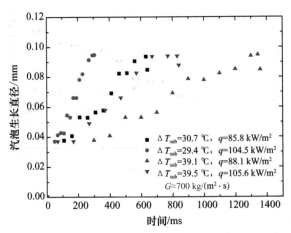

图 4.5　竖直条件下过冷度对汽泡生长和脱离的影响

4.1.2　实验本体倾斜条件下汽泡生长和脱离特性

为了进一步比较实验本体倾斜角对汽泡生长和脱离的影响，对同一核化点处汽泡生长和脱离进行了可视化观察。倾斜条件下单汽泡实验压力范围约为 0.16~0.18 MPa，质量流速 300~700 kg/(m²·s)，入口过冷度 10~40 ℃，倾斜角度为加热面朝上 45°到加热面朝下 45°。从图 4.6 可以看出，在热工参数近似相同的条件下，竖直条件下汽泡生长速率较快，并且由于浮力全部施加在流动方向，其脱离时间较短。而加热面朝下 25°时，汽泡生长速率最小，且由于浮力促使汽泡靠近加热面，该种情况下，汽泡脱离时间较长。在不同倾角条件下，汽泡脱离直径介于 0.135~0.17 mm。

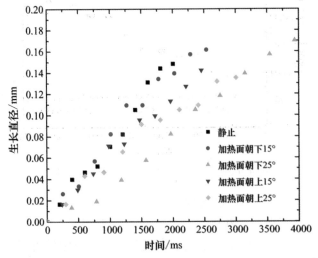

$p \approx 0.152$ MPa，$\Delta T_{sub} \approx 40.4$ ℃，$G \approx 298$ kg/(m²·s)，$q = 78.4$ kW/m²

图 4.6　倾斜角对汽泡生长和脱离的影响

4.1.3 实验本体摇摆条件下汽泡生长和脱离特性

实验参数范围：压力约为 0.16 MPa，质量流速 300~700 kg/(m²·s)，入口过冷度 13.2~41.6 ℃。图 4.7 为不同运动周期对汽泡生长和脱离的影响。从图 4.7 中可以看出，不同的运动周期对汽泡生长速率影响较小，但影响汽泡的脱离时间和脱离直径。即使在同一个运动周期内，都可能导致汽泡脱离直径不同。这就表明摇摆运动所造成的附加惯性力对汽泡的生长影响较小，但由于摇摆角度发生变化，并使得浮力分量发生变化，从而影响了汽泡脱离时间和脱离直径大小。

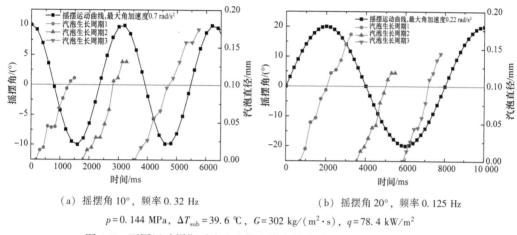

（a）摇摆角 10°，频率 0.32 Hz　　　　（b）摇摆角 20°，频率 0.125 Hz

$p = 0.144$ MPa，$\Delta T_{sub} = 39.6$ ℃，$G = 302$ kg/(m²·s)，$q = 78.4$ kW/m²

图 4.7　不同运动周期对汽泡生长和脱离的影响（y 轴，沿宽面摇摆）

基于上述分析可知，不同的运动对汽泡生长速率影响较小。为了进一步分析不同运动周期对汽泡脱离的影响，图 4.8 给出了摇摆角相同，频率不同时汽泡生长和脱离情况，从图 4.8 中可以看出，总体来说，与静止条件下相比，瞬变外力场对汽泡生长速率影响较小，但随着频率的增加，汽泡脱离时间和脱离直径有变小的趋势。这可能是由于摇摆运动增加到一定程度后，附加运动导致汽泡所受浮力增加，以及汽泡脱离时周围流场可能发生局部小的变化，从而导致曳力发生变化，共同促使汽泡过早脱离。

图 4.9 为摇摆工况中汽泡脱离直径与其脱离时刻对应角加速度的关系，从图中可以看出，当 $G \approx 300$ kg/(m²·s) 时，汽泡平均脱离直径为 0.144 mm，所有的数据都落在 ±20% 范围以内；$G \approx 700$ kg/(m²·s)，汽泡脱离直径平均值为 0.071 mm，95% 数据落在 ±16% 以内。在低质量流速下，汽泡脱离直径波动范围增加且汽泡脱离直径明显大于高质量流速下汽泡脱离直径，这是由于在低质量流速下，汽泡直径增加后附加惯性力引起的浮力变化作用增强，且由于质量流速低，曳力作用相对较弱，导致在低质量流速下汽泡脱离直径受摇摆运动的影响更为明显。同时，汽泡脱离本身的随机性与摇摆运动影响的叠加，也可能使得汽泡脱离产生一定的随机性效应。

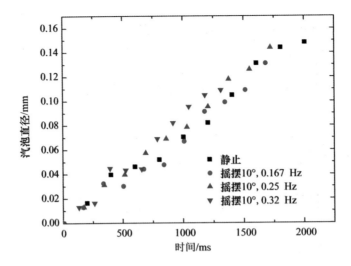

$p = 0.144$ MPa，$\Delta T_{sub} = 39.6$ ℃，$G = 301$ kg/(m²·s)，$q = 83.87$ kW/m²

图 4.8 不同运动周期对汽泡生长和脱离的影响

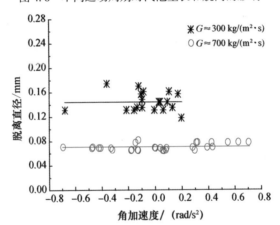

图 4.9 不同摇摆角加速度对汽泡脱离直径的影响

4.2 瞬变外力场多汽泡运动特性

4.2.1 多汽泡运动行为描述

本实验采用六自由度运动平台进行多汽泡动力学特性研究，压力范围 $p = 0.14 \sim 1$ MPa，质量流速 $G = 300 \sim 700$ kg/(m²·s)，入口过冷度 $\Delta T_{sub} = 11.4 \sim 41.2$ ℃，摇摆最大角度 30°，最大角加速度 0.7 rad/s²。

随着热流密度的增加，当汽泡数量增加到一定程度后，可明显观察到在一个运动周期内，汽泡数量有时增多，有时减小，并且在加热面上生长的汽泡，其生长速率也会出现加快和减慢的现象，如图 4.10~图 4.12 所示。

（a）加热面竖直

（b）加热面朝上 10°

（c）加热面朝下 10°

图 4.10　摇摆角 10°、频率 0.32 Hz 时汽泡动力学现象（y 轴，沿宽面摇摆）

（a）加热面竖直

（b）加热面朝上 30°

（c）加热面朝下 30°

图 4.11　摇摆角 30°、频率 0.1 Hz 时汽泡动力学现象（y 轴，沿宽面摇摆）

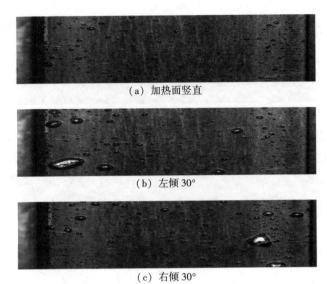

（a）加热面竖直

（b）左倾 30°

（c）右倾 30°

图 4.12　摇摆角 30°、频率 0.185 Hz 时外壁温度分布（x 轴，沿窄面摇摆）

4.2.2　多汽泡运动特性分析

起伏运动工况如表 4.1 所示。图 4.13 为起伏运动工况 H3 中位移、速度和加速度相位变化曲线。此处定义了一个起伏周期中四个不同相位的位置。以下分析中将针对不同相位内汽泡群尺寸、速度和数目密度进行比较分析。

表 4.1　起伏工况参数

工况	X_m/m	T/s	$\lvert u_{max} \rvert$ /(m/s)	$\lvert a_{max} \rvert$ /g
H1	0.2	2.5	0.503	0.129
H2	0.2	2	0.628	0.201
H3	0.2	1.64	0.767	0.300

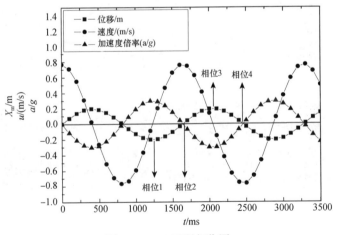

图 4.13　H3 工况相位图

（1）汽泡尺寸分布

图 4.14 为静止和起伏工况下汽泡在 4 个不同相位的典型图片。从图中所见，4 个相位间的汽泡尺寸分布是不同的。在以下对起伏运动中汽泡尺寸分布进行比较时，均通过数字图像处理的方式，对各个相位 100~200 个汽泡大小进行统计分析。

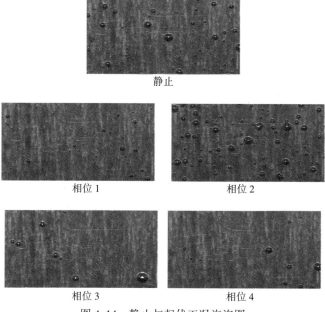

图 4.14　静止与起伏工况汽泡图

图 4.15（b）中，起伏运动振幅保持不变，起伏周期由 2.5 s 减少到 2 s。因此，起伏运动最大起伏加速度由 0.13g 增加到 0.2g。虽然起伏频率增加，4 个相位中汽泡直径分布曲线与静止条件相比偏差并没有明显偏大。

图 4.15（c）中进一步减小起伏周期至 1.64 s。最大起伏加速度增大至 0.3g。从图中可见，相位 2 中 50% 汽泡直径小于 0.2 mm。相位 1 中 50% 汽泡直径小于 0.6 mm。由此可见，与静止工况相比，该工况汽泡尺寸分布受起伏运动影响明显。

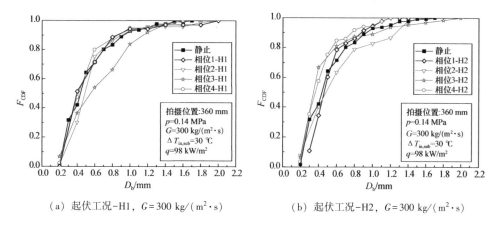

（a）起伏工况-H1，G = 300 kg/（m²·s）　　　（b）起伏工况-H2，G = 300 kg/（m²·s）

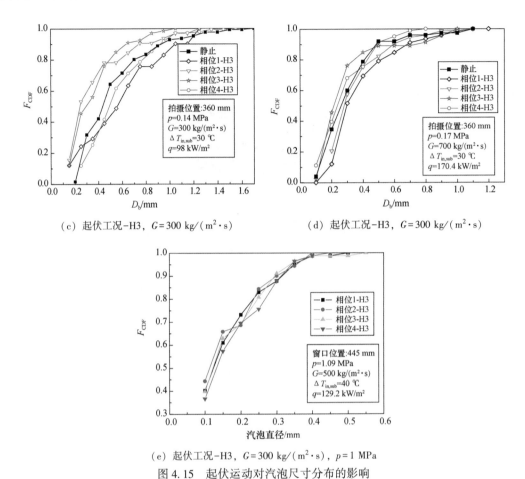

（c）起伏工况-H3，$G=300$ kg/（m²·s）　　　　（d）起伏工况-H3，$G=300$ kg/（m²·s）

（e）起伏工况-H3，$G=300$ kg/（m²·s），$p=1$ MPa

图 4.15　起伏运动对汽泡尺寸分布的影响

与图 4.15（c）相比，图 4.15（d）中流体质量流速由 300 kg/（m²·s）增加到 700 kg/（m²·s），运动工况保持恒定。由图中可见，静止条件下，50% 汽泡直径小于 0.225 mm。在起伏条件下，相位 3 中 50% 汽泡直径小于 0.2 mm，相位 1 中 50% 汽泡直径小于 0.25 mm。

通过比较图 4.15（a）~（c）发现，起伏运动对过冷沸腾矩形通道中汽泡尺寸分布造成影响。随着起伏频率的增加，影响作用增强。汽泡尺寸主要受汽泡生长率、聚合率以及破裂率影响。汽泡浮升力周期性变化导致相间汽泡滑移速率变化以及湍流强度的变化。这些因素都将改变汽泡生长率、聚合率、冷凝率和破裂率。最终对汽泡尺寸分布造成影响。

通过比较图 4.15（c）与图 4.14（d）发现，静止条件下，随着质量流速增加，汽泡尺寸略有减小。这一趋势与 Zeitoun、Shoukri[1] 和 Thorncroft[2] 观测到的结果一致。在相同的起伏条件下，质量流速增加，汽泡尺寸波动减小。

图 4.15（e）为 1 MPa 压力下，质量流速 300 kg/（m²·s）时，在 H3 起伏工况下汽泡尺寸分布。与图 4.15（c）比较可见，随着压力提高，汽泡尺寸波动受起伏运动影响减小，这主要是由于汽泡尺寸减小，附加惯性力作用变小，导致对汽泡尺寸分布影响不明显。

（2）汽泡速度分布

图 4.16（a）为起伏运动对汽泡速度分布的影响。起伏工况定义于表 4.1 所示，各相

位的定义如图 4.13 所示。从图中可见，在静止条件下，50% 汽泡速度小于 0.24 m/s。在起伏条件下，4 个不同相位汽泡速度分布曲线与静止不同。相位 1 中，汽泡速度最低，50% 汽泡速度小于 0.16 m/s，相位 3 汽泡速度最大，50% 汽泡速度小于 0.37 m/s。

图 4.16 (b) 中，起伏运动振幅保持不变，起伏周期由 2.5 s 减少到 2 s。因此，起伏运动最大起伏加速度由 0.13g 增加到 0.2g。4 个相位中汽泡速度分布曲线趋势与图 4.16 (a) 近似。

图 4.16 (c) 中进一步减小起伏周期至 1.64 s。最大起伏加速度增大至 0.3g。从图中可见，相位 1 中 50% 汽泡速度小于 -0.2 m/s。同时，相位 3 中 50% 汽泡速度小于 0.7 m/s。与静止条件相比，起伏运动对汽泡速度影响显著。特别是相位 1 中，汽泡速度为负值，意味着汽泡在该瞬态下出现了回流。

与图 4.16 (c) 相比，图 4.16 (d) 中流体质量流速由 300 kg/(m²·s) 增加到 700 kg/(m²·s)，运动工况保持恒定。由图中可见，静止条件下，50% 汽泡速度小于 0.4 m/s。在起伏条件下，相位 3 中 50% 汽泡速度小于 0.25 m/s，相位 1 中 50% 汽泡速度小于 0.55 m/s。

通过比较图 4.16 (a)～(c) 发现，起伏运动对不同相位处的汽泡运动速度造成一定的影响。随着起伏加速度的增加，汽泡速度时快时慢，甚至在低质量流速下出现了汽泡回流现象。

图 4.16 (e) 为 1 MPa 压力下，质量流速 500 kg/(m²·s) 时，在 H3 起伏工况下汽泡速度分布。与常压下相比，随着压力的提高，汽泡速度波动受起伏运动影响减小。

汽泡速度与两相流速和汽液相间表观速度相关。当出口为汽液两相流时，加热段内流体可视为可压缩流体。在起伏运动中，垂直向上的两相流体由于膨胀拥塞，在出口处将有一部分流体被反弹回来。整个加热通道内，贴近壁面的流体受加热壁面起伏运动影响将产生周期性响应。在起伏运动中，加速度场周期性变化，这一效应将导致汽泡浮力发生周期性变化，汽液相间表观速度也将发生周期性的变化。

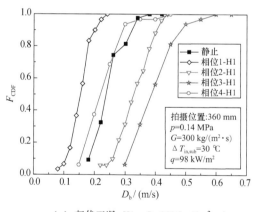

（a）起伏工况-H1，$G = 300$ kg/(m²·s)

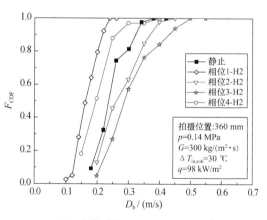

（b）起伏工况-H2，$G = 300$ kg/(m²·s)

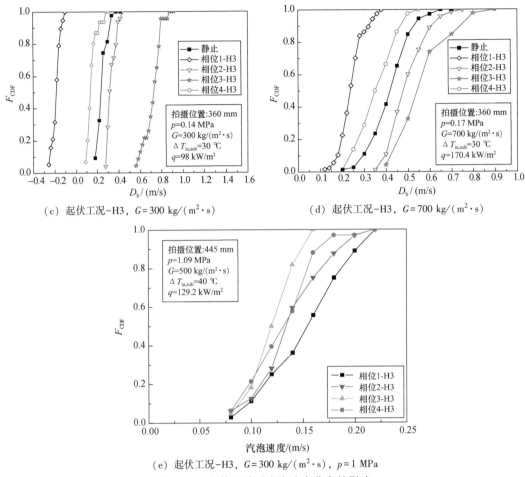

（c）起伏工况-H3，$G=300 \ \mathrm{kg/(m^2 \cdot s)}$ （d）起伏工况-H3，$G=700 \ \mathrm{kg/(m^2 \cdot s)}$

（e）起伏工况-H3，$G=300 \ \mathrm{kg/(m^2 \cdot s)}$，$p=1 \ \mathrm{MPa}$

图 4.16　起伏运动对汽泡速度分布的影响

（3）汽泡数目密度分布

图 4.17 比较了静止与不同起伏工况下汽泡密度分布。从图中可见，随着起伏频率的增加，汽泡密度波动增大。汽泡数目密度受汽泡生长率、聚合率、冷凝率以及破裂率的影响。汽泡数目密度的波动主要是由周期性变化的加速度场引起的。随着起伏加速度的周期性变化，汽泡滑移速度出现波动。汽泡滑移在壁面换热中发挥重要作用。滑移速率的改变引起两相流传热和冷凝发生相应变化。这一效应将改变汽泡的生长速率和冷凝率。汽泡的聚合可由湍流、层流剪切力以及浮升力驱动。因此当加速度场变化引起浮升力变化时，汽泡间碰撞概率将发生改变。这直接导致了汽泡间聚合率的变化。此外，汽泡的破裂主要发生在高含汽率大汽泡条件下。本实验工况集中在低流速过冷沸腾工况。汽泡尺寸在这些工况中都相对较小，剪切力不足以导致汽泡破裂。因此，观测结果表明该实验中汽泡破裂对汽泡数目密度分布的影响远小于汽泡生长、聚合、冷凝的作用。从汽泡数目密度在不同相位间的分布可见，静止条件下，各相位间汽泡数目密度不变。在起伏运动中，各相位汽泡数目密度发生周期性变化。含汽率越高，汽泡越有可能拥塞在出口，因此对流量还可能造成影响。

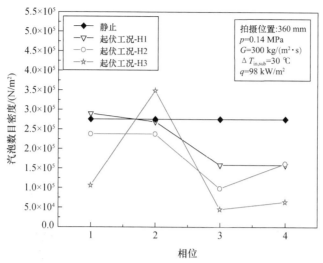

图 4.17 起伏工况对汽泡数目密度分布的影响

图 4.18 为同一摇摆角度不同摇摆周期时，汽泡密度随摇摆运动的变化。随着摇摆周期的减小，汽泡密度的波动逐渐增加，非对称双周期现象逐渐明显。双周期现象则很明显是来自浮力在摇摆过程中的变化。相较于静止状态，平均汽泡密度也逐渐增加。在静止条件下，汽泡密度因流体平均密度改变而产生的周期性密度型波动，移动频率以接近 5 Hz 的频率波动。长摇摆周期（16 s）时，从图中仍可以看到类似的波动，只是波动的幅度有所增加。短周期（8 s）时，波动被摇摆运动压缩，频率提高，波动中心值随摇摆出现明显变化，而幅值仍维持相对一致。

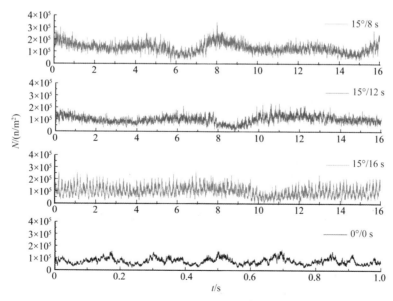

$p = 0.1 \ \mathrm{MPa}$，$\Delta T_{sub} = 24.6 \ ℃$，$G = 302 \ \mathrm{kg/(m^2 \cdot s)}$，$q = 103 \ \mathrm{kW/m^2}$

图 4.18 不同摇摆周期时汽泡数目密度的变化

为更好地确定周期对汽泡密度的影响，设 $t^* = t/T$，将摇摆周期无量纲化。由图 4.19 可见：尽管摇摆周期不同，但汽泡密度的变化规律完全一致，汽泡密度在平衡位置附近出现峰值，在最大角位置出现谷值。谷值在正最大角（$t^* = 0.75$）处和负最大角（$t^* = 0.25$）处不一致，且加热面朝下对应数量高于加热面朝上。这主要是由加热面朝向不同导致的浮力作用结果不同所引起的。在加热面朝上时，浮力促使汽泡离开加热面，进入主流。而此时摇摆运动对工质起加速作用，主流过冷较高，易于冷凝汽泡。而在加热面朝下时，浮力则使汽泡贴近加热面持续受热，同时摇摆对工质起减速作用，主流过冷度低，易于汽泡的生存。

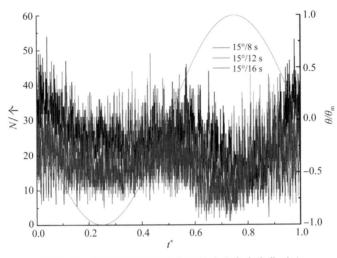

图 4.19　摇摆周期无量纲化后的汽泡密度变化对比

图 4.20 为相同摇摆周期下不同摇摆角度时的汽泡密度变化。由图可见，汽泡密度变化趋势在不同摇摆角度时是完全一致的，仅数量与幅值有所不同，在加热面朝上区尤为明显，随着角度的增大，浮力指向主流的分量越大，汽泡离开加热面进入主流被冷凝的数量相应增加。同时，摇摆对工质的加速作用越明显，主流过冷度相应越高，加速汽泡的冷凝。

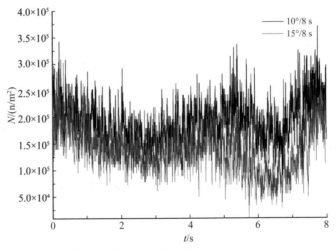

图 4.20　不同摇摆角时汽泡密度的变化

（4）汽泡分布特性与壁温关系

为了进一步分析这种汽泡变化现象是否会影响壁面传热，图 4.21 给出了外壁面温度随摇摆运动变化的情况，图 4.11 为该运动周期下所对应的汽泡图像。在该种运动情况下，外壁面温度按一定的规律周期性波动，但波动幅度较小，小于 1 ℃。温度波动规律与摇摆台的运动规律相差近似一个相位。图 4.22 为沿 x 轴摇摆时，其最大摇摆角 30°，频率 0.185 Hz 时外壁面温度的变化情况，图 4.12 为该运动周期下所对应的汽泡图像。从图中可以看出，沿窄边摇摆时，其壁面同样按一定的规律周期性波动，此时，随着摇摆频率的增加，壁面温度波动幅度有所增加，达到了 2 ℃。这种现象可以由图 4.11 和图 4.12 所拍摄的汽泡运动现象来解释，即在一个运动周期内，汽泡数量有时增多，有时减小，并且在加热面上生长的汽泡，其生长速率也会出现增加和减慢的现象，最终导致壁面温度发生变化。

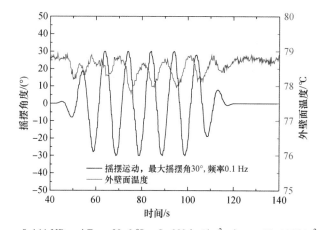

$p = 0.144$ MPa，$\Delta T_{sub} = 39.6$ ℃，$G = 302$ kg/(m²·s)，$q = 78.4$ kW/m²

图 4.21　摇摆角 30°、频率 0.1 Hz 时外壁温度分布（y 轴，沿宽面摇摆）

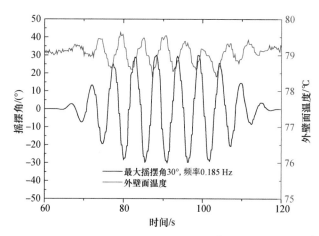

$p = 0.144$ MPa，$\Delta T_{sub} = 39.6$ ℃，$G = 302$ kg/(m²·s)，$q = 78.4$ kW/m²

图 4.22　摇摆角 30°、频率 0.185 Hz 时外壁温度分布（x 轴，沿窄面摇摆）

4.3　瞬变外力场对流动沸腾特征点的影响

采用双面加热通道实验段进行 ONB 和 FDB 点实验研究，压力范围 $p = 0.14 \sim 1$ MPa，质量流速 $G = 0 \sim 700$ kg/(m²·s)，入口过冷度范围为 $18 \sim 55$ ℃。采用以下方法确定 ONB 和 FDB 点：实验段的某一固定点，自过冷沸腾开始，壁面温度随加热功率变化的曲线斜率较单相时略微降低，而且在 ONB 和 FDB 点处会产生汽泡，对流体起扰动作用，换热能力增强，换热系数增大，这时壁面的温度会出现拐点。通过第一个壁温拐点确定 ONB 点；第二个壁温拐点确定 FDB 点。如图 4.23 所示。

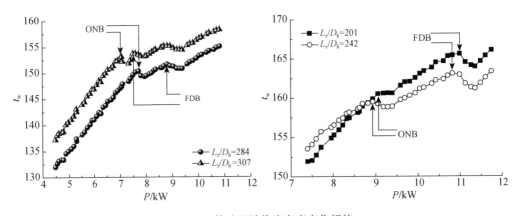

图 4.23　外壁温随热流密度变化规律

4.3.1　瞬变外力场对过冷沸腾起始点（ONB 点）的影响

（1）热工参数对 ONB 点的影响

图 4.24 为静止条件下入口过冷度对 ONB 点的影响。在相同的压力、质量流量等参数下，随着入口过冷度的增加，在同一流道中相同轴向位置处 ONB 点产生所需热流密度也将相应增加。这是由于在相同的质量流速、系统压力下，入口过冷度越大，入口水温越低，要达到产生 ONB 点所需的壁面过热度需要更高的热流密度。该趋势与 Basu[3] 实验结果的趋势是一致的。

图 4.25 为静止条件下，质量流速对 ONB 点的影响。从图 4.25 可见，随着质量流速的增大，产生过冷沸腾起始点所需热流密度有增大的趋势。这是由于质量流速增大，壁面与流体之间换热系数增大，流体与壁面间温差减小，壁面过热度减小，达到 ONB 所需过热度则需要提高热流密度。该趋势与 Lie 和 Lin[4] 实验中获得的结论是一致的。

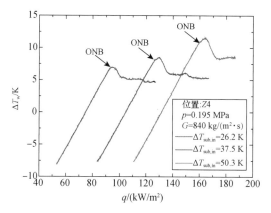 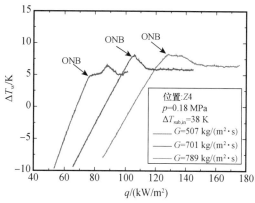

图 4.24 入口过冷度对 ONB 的影响 　　图 4.25 质量流速对 ONB 的影响

（2）摇摆条件对 ONB 点的影响

图 4.26 为同一热工参数条件下，获得实验本体摇摆运动对 ONB 点的影响。由图 4.26 可见，静止及摇摆状态实验段外壁温随热流密度变化规律基本相同。因此，对于摇摆状态下的强迫循环流动，摇摆运动并没有导致通道内热工参数发生显著的变化。

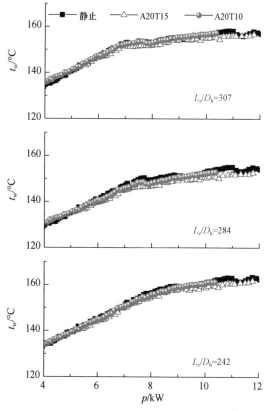

$p_{in}=0.5$ MPa，$T_{in,sub}=40$ ℃，$G=510$ kg/(m²·s)

图 4.26 摇摆及静止状态下外壁温随热流密度变化规律

（3）瞬变外力场 ONB 点计算模型

1）已有模型的评价分析

自 20 世纪 60 年代以来，各国学者针对 ONB 点进行了理论和实验研究，比较有代表性的有 Hsu 模型[5] 和 McAdam-Bowring 模型[6]。Hsu 模型是根据汽泡发泡的过热条件与边界层中单相对流的传热条件提出的 ONB 点预测理论模型。沸腾传热时产生汽泡所需要的界面液体过热度的基本表达式为：

$$\Delta T_s = \frac{T_s v_g}{\lambda} \frac{2\sigma}{r} \left(\frac{\rho_f}{\rho_f - \rho_g} \right) \tag{4-1}$$

假设 $\rho_f \gg \rho_g$，$\Delta v \approx v_g$，可得

$$T_f - T_s = \frac{2\sigma T_s v_g}{\lambda r} \tag{4-2}$$

边界层单相传热公式为

$$T_w - T_f = \frac{q}{h_f} \tag{4-3}$$

将式（4-2）和式（4-3）相加，并令 $h_f = \frac{k_f}{r}$ 可得

$$T_w - T_s = \frac{2\sigma T_s v_g}{\lambda r} + \frac{qr}{k_f} \tag{4-4}$$

此式说明在开始沸腾时有一个过热度最低的汽泡尺寸。在认为当地壁面温度与汽泡尺寸 r 无关，即 $\frac{\mathrm{d}(T_w - T_s)}{\mathrm{d}r} = 0$ 时，将式（4-4）对 r 求导可得

$$r = \left[\frac{2\sigma T_s v_g k_f}{\lambda q} \right]^{\frac{1}{2}} \tag{4-5}$$

将其代入式（4-4）可得

$$\Delta T_{w,\,ONB}(z) = \left[T_w(z) - T_s(z) \right]_{ONB} = \left(\frac{8\sigma T_s q_{ONB}}{k_f \lambda \rho_g} \right)^{0.5} \tag{4-6}$$

由热平衡关系式，可计算轴向位置 z 处壁面温度，

$$T_w(z) = T_f(z) + \frac{q}{h_f} \tag{4-7}$$

$$T_f(z) = T_{f,\,in} + \frac{4qz}{Gc_{pl}D} \tag{4-8}$$

联立式（4-6）和式（4-7），通过迭代计算即可得到 ONB 点对应的热流密度和壁面过热度。

Sato 和 Matasumura[7]、Bergle 和 Rohsenow[8]、Kandlikar[9] 提出的关系式[6] 是基于 Hsu 模型提出的。这些关系式已广泛应用于各个工业领域，其具体形式如下。

Sato-Matasumura 关系式：

$$\Delta T_{w,\,ONB} = (T_w - T_{sat})_{ONB} = \frac{8\sigma T_{sat} q_{ONB}}{k_f h_{fg} \rho_g} \tag{4-9}$$

Bergles-Rohsenow 关系式：

$$\Delta T_{\text{w, ONB}} = 0.556 \left(\frac{q_{\text{ONB}}}{15\,515 p^{1.156}} \right) 0.489 p^{0.023\,4} \tag{4-10}$$

Kandlikar 关系式：

$$\Delta T_{\text{w, ONB}} = \frac{8.8 \sigma T_{\text{sat}} q_{\text{ONB}}}{k_{\text{f}} h_{\text{fg}} \rho_{\text{g}}} \tag{4-11}$$

为了预测 ONB 点，在应用以上关系式时，还必须与单相对流换热关系式进行联立求解。此处选用的是已被广泛验证的 DiTus-Boelter 关系式。

McAdam-Bowring 模型的基本假设是 ONB 点的壁面温度既满足单相对流传热，又满足汽泡沸腾传热。

单相对流传热公式为

$$q_{\text{ONB}} = h_1 \left[T_{\text{w}}(z) - T_1(z) \right]_{\text{ONB}} \tag{4-12}$$

泡核沸腾传热公式为

$$T_{\text{w}}(z) - T_{\text{s}}(z) = \phi q^n \tag{4-13}$$

令二者壁温相等，可得

$$T_1(z) + q/h_1 = T_{\text{s}} + \phi q^n \tag{4-14}$$

联立式（4-7）和式（4-14），通过迭代计算即可得到 ONB 点对应的热流密度和壁面过热度。

其中，泡核沸腾传热关系是可用 Jens-LoTs 关系式和 Thom 关系式计算，其具体形式如下。

Jens-LoTes 关系式：

$$\Delta T_{\text{w}} = 25 \left(\frac{q}{10^6} \right)^{0.25} \exp\left(-\frac{p}{6.2} \right) \tag{4-15}$$

Thom 关系式：

$$\Delta T_{\text{w}} = 22.65 \left(\frac{q}{10^6} \right)^{0.5} \exp\left(-\frac{p}{8.7} \right) \tag{4-16}$$

值得注意的是，Jens-LoTs 关系式和 Thom 关系式实际上是充分发展过冷沸腾换热关系式。根据 McAdems 模型的假设，ONB 点定义为流型图上单相对流换热关系式曲线与过冷沸腾换热关系式曲线的交叉点。因此，在计算 ONB 点时，Jens-LoTs 关系式和 Thom 关系式也必须与单相对流换热关系式进行联立求解。

图 4.27 为静止条件下 ONB 实验数据与式（4-15）~式（4-16）计算结果的比较。从图中可见，基于 McAdems 模型的关系式计算结果，无论是 ONB 点热流密度还是 ONB 点壁面过热度，均高于基于 Hsu 模型的关系式计算结果。这一结果主要由两个原因造成。第一，Hsu 模型假设在加热壁面上存在一切尺寸范围的活性空穴，而实际上加热壁面上并不一定存在这样大尺寸范围的空穴。第二，Bowring 模型假定充分发展的泡核沸腾传热方程与单相对流传热方程的交点就是 ONB 点。而泡核沸腾方程是由大量沸腾实验数据整理所得，具有一定的统计特性。与 Sato-Matasumura、Bergles-Rohsenow、Kandlikar 等经典关系式相比，只有在热流密度 60~80 kW/m² 处实验数据与预测结果吻合较好。在给定的热

流密度和质量流速下，实验所获得的沸腾起始点所需壁面过热度大于公式计算值。Hapke[10] 和 Martín-Callizo[11] 在微通道实验中也获得了相似的结论。他们认为微通道中的毛细热应力抑制了壁面空穴中汽泡的核化，导致核化点核化所需壁面过热度增加。Li[12] 发现窄通道中，大质量流速将会抑制汽泡的核化。通过 Jens-LoTes 关系式计算的壁面过热度要高于实验数据。当 ONB 发生在低热流密度区域，Thom 关系式计算的壁面过热度高于实验值。由此可见，由常规圆形通道下 ONB 点实验数据获得的预测关系式不能很好地预测矩形通道内 ONB 点发生。因此有必要开发用于预测矩形通道内 ONB 点预测关系式。

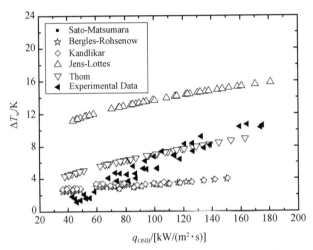

图 4.27 静止条件 ONB 实验数据与已有公式比较

2）修正的 ONB 预测关系式

从上文分析可知，热工参数、通道几何参数等均影响 ONB 点的发生。这些影响 ONB 的因子可归纳为质量流速、热流密度、系统压力以及通道间隙。因此 ONB 点壁面过热度可用式（4-17）表示：

$$\Delta T_{ONB} = T_{wi} - T_{sat} = f(G, H, p, q) \qquad (4-17)$$

对式（4-17）进行无量纲化处理，矩形通道中质量流速和通道间隙的影响可用 Re 表示。将通道间隙 H 作为特征尺寸，Re 可定义为如下形式：

$$Re = \frac{GH}{\mu_f} \qquad (4-18)$$

无量纲热流密度定义为：

$$q^* = \frac{q}{Gh_{fg}} \qquad (4-19)$$

无量纲壁面过热度定义为：

$$\Delta T_w^* = \frac{\Delta T_w}{T_{sat}} = \frac{T_{wi} - T_{sat}}{T_{sat}} \qquad (4-20)$$

密度比 ρ_g/ρ_f 反映系统压力的影响。

通过线性回归实验数据，$\Delta T_{w,ONB}^*$ 可表示为如下形式：

$$\Delta T^*_{\text{w, ONB}} = 0.05 Re^{0.156} \left(\frac{\rho_{\text{g}}}{\rho_{\text{f}}} \right)^{-0.413} q^{*\,1.321}_{\text{ONB}} \tag{4-21}$$

在大多数情况下，在给定的入口压力、入口温度、通道长度和质量流速条件下，确定 ONB 点的壁面温度和热流密度需要一个迭代过程。迭代过程中当地壁面温度可通过传热关系式计算。

$$T_{\text{wi}}(z) = T_{\text{f}}(z) + \frac{q}{h_{\text{f}}(z)} \tag{4-22}$$

式中 $h_1 (z)$ 可通过广泛使用的湍流换热关系式获得。

$$Nu = \frac{h_{\text{f}} D_{\text{h}}}{\lambda} = 0.023 Re^{0.8} Pr^{0.4} \tag{4-23}$$

其中 $T_{\text{f}}(z)$ 可通过式（4-24）获得。

$$T_{\text{f}}(z) = T_{\text{f, in}} + \frac{q}{G A_{\text{c}} C_{\text{p}}} \cdot P \cdot z \tag{4-24}$$

定义平均预测偏差 E 为：

$$E = \frac{|q_{\text{ONB, exp}} - q_{\text{ONB, pre}}|}{q_{\text{ONB, exp}}} \tag{4-25}$$

采用 HG 修正模型对静止和瞬变外力场 ONB 点热流密度进行预测，如图 4.28 所示，结果发现绝大部分数据偏差在 ±20% 以内。模型对静止及起伏、摇摆瞬变外力场环境实验数据预测准确度和趋势相同。

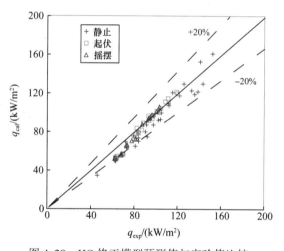

图 4.28　HG 修正模型预测值与实验值比较

4.3.2　典型外力场对沸腾充分发展起始点（FDB）的影响

图 4.29 反映出起伏运动对 FDB 点的影响。从图中可见，不同的起伏运动工况将影响同一轴向位置点 FDB 点发生所需的热流密度。在热工参数基本相同的条件下，随着起伏频率的增加，与静止条件相比，FDB 略有提前发生的趋势。即同一轴向位置点在起伏瞬变外力场环境发生 FDB 所需热流密度略低于静止条件下所需热流密度，该趋势与 ONB 点

受起伏运动影响趋势相同。但在相同的条件下，与 ONB 点相比，FDB 点所受影响更小。但总体来说，典型外力场运动对 FDB 点的影响不大，与静止条件相比，最大起伏加速度下发生 FDB 时所需的热流密度降低值小于 3%。

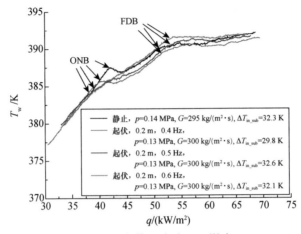

图 4.29　起伏运动对 FDB 影响

图 4.30 为采用孙奇模型对静止、起伏以及摇摆运动下 FDB 点热流密度进行比较分析，从图中可见，各个关系式的预测结果均在 ±15% 以内。

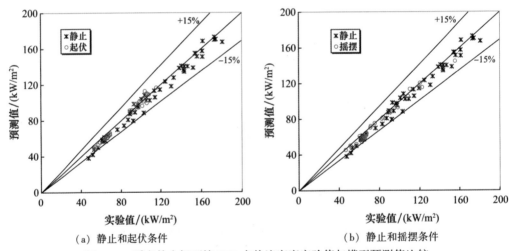

（a）静止和起伏条件　　　　　　　　　（b）静止和摇摆条件

图 4.30　瞬变外力场环境 FDB 点热流密度实验值与模型预测值比较

4.4　瞬变外力场单汽泡受力模型

在汽泡受力模型构建和评价分析中，以常规通道内受力分析研究为基础，构建受力平衡方程式。在评价过程中，选用经典的受力公式，且更加关注沿流动方向的力，如浮力、曳力、表面张力。求解受力方程式时，利用实验数据对关键的输入参数进行评价分析，包括前后接触角、轴心倾斜角、汽泡底部接触直径。由于对动态接触角的分析非常复杂，目前都是采用固定值方法，通过实验数据来评价固定值选取的合理性。通过实验验证和评价后，确定各个输入参数。并利用完善的受力模型对静止和瞬变外力场脱离直径进行应用分析，评价和总结出瞬变外力场各个力的作用和地位。

4.4.1 静止条件下汽泡受力模型

静止条件下单个汽泡受力情况如图 4.31 所示。

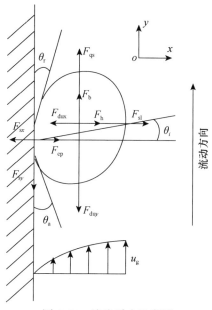

图 4.31 汽泡受力示意图

（1）汽泡受力分析

1）浮力 F_B

该力是由于重力场及汽液密度差而引起的，可表示为：

$$F_B = (\rho_L - \rho_V)V_b g \tag{4-26}$$

2）表面张力 F_S

该力阻止汽泡脱离壁面，作用在汽泡与壁面的接触环上。在该力推导的过程中，通常在 x 和 y 两个方向上进行积分求解。Klausner 等人给出了表面张力的计算公式：

在 x 方向上：

$$F_{S,x} = -1.25 d_w \sigma_{lv} \frac{\pi(\alpha - \beta)}{\pi^2 - (\alpha - \beta)^2}(\sin\alpha + \sin\beta) \tag{4-27}$$

在 y 方向上：

$$F_{S,y} = -d_w \sigma_{lv} \frac{\pi}{\alpha - \beta}(\cos\beta - \cos\alpha) \tag{4-28}$$

式中：α 和 β——汽泡与壁面所形成的前后接触角；

d_w——汽泡与壁面的接触直径。

如果汽泡与壁面接触均匀，则汽泡前后接触角相等，即 $\alpha = \beta$，则：

在 x 方向上，$F_{S,x} = 0$；在 y 方向上，$F_{S,y} = -d_w \sigma_{lv} \pi \sin \beta$，$d_w \approx 2a \sin \beta$，在该种情况下，表面张力只作用在 y 方向上。

3）水动力 F_h 和接触压力 F_{cp}

根据 Klausner[13] 的分析，水动力 F_h 和壁面接触力 F_{cp} 可分别通过如下关系式计算：

$$F_h = \frac{1}{2} \frac{9}{4} \rho_1 U_c^2 \frac{\pi d_w^2}{4} \tag{4-29}$$

$$F_{cp} = \frac{\pi d_w^2}{4} \frac{2\sigma}{r_r} \tag{4-30}$$

式中：r_r——在 $y = 0$ 时的汽泡曲面半径。

Zeng 等人[14] 的研究结果表明，不论汽泡与壁面的接触半径有多大，相对于表面张力来说，接触压力较小，可以忽略不计。

4）汽泡生长力 F_{du}

对于一个在加热壁面上非对称生长的汽泡，其所受到的非对称生长力 F_{du} 可通过 $p_1(R)$ 在整个汽泡界面上积分来求得。对于加热壁面上的球缺形汽泡，积分后可得到汽泡非对称生长力。当汽泡处于核化点时，由于流体流动的作用，汽泡呈非对称长大，汽泡在与加热面垂直的方向上产生了中心倾斜角 θ，在这种情况下，汽泡的生长可分解为 x 方向和 y 方向的力。

$$F_{du} = -\rho_1 \pi \frac{1}{4} d_w^2 \left(R\ddot{R} + \frac{3\dot{R}^2}{2} \right) \tag{4-31}$$

$$F_{dux} = F_{du} \cos \theta_c \tag{4-32}$$

$$F_{duy} = F_{du} \sin \theta_c \tag{4-33}$$

Zeng 等人[15] 考虑壁面对汽泡的影响，引入了经验系数 C_s，对上述汽泡生长力进行了修正，汽泡生长力可表示为：

$$F_{du} = -\rho_1 \pi R^2 \left(\frac{3}{2} C_{du} \dot{R}^2 + R\ddot{R} \right)，其中，C_s = 20/3。 \tag{4-34}$$

5）曳力 $\boldsymbol{F}_{QS}$

该力是由于汽液界面上黏性力不同以及汽泡周围流动的液体所引起的。曳力是汽泡脱离的动力，该力也是汽泡受力分析中一个重要的力。Delnoij 等人[16] 给出了该力的计算公式。

$$\boldsymbol{F}_{QS} = \frac{1}{2} C_D \rho_1 U_{rel}^2 \pi R^2 \tag{4-35}$$

$$C_d = \begin{cases} 240 & Re_b \leq 0.103\,1 \\ \dfrac{24}{Re_b}(1 + 0.15 Re_b^{0.687}) & 0.103\,1 \leq Re_b \leq 984 \\ 0.44 & 984 \leq Re_b \end{cases} \tag{4-36}$$

$$Re_b = \frac{2a(t) \mid u(y) - v(y) \mid}{v} \tag{4-37}$$

其中：U_{rel}——来流在汽泡界面迎流面上相对于汽泡界面的运动速度，$U_{rel} = U_c - U_b + \dot{R}$；

    v——流体的运动黏性系数；

    r_b——汽泡半径。

为了评估准稳态曳力的大小，需要知道近壁面流体速度的分布情况，在近壁面处无量纲速度分布服从对数分布规律。假设近壁区域内的流动速度分布遵循 Reichardt 提出的近壁区域时间平均速度分布，即：

$$\frac{U(x)}{u^*} = \frac{1}{k}\ln\left(1 + k\frac{xu^*}{v}\right) + c\left[1 - \exp\left(-\frac{xu^*/v}{\chi}\right) - \frac{xu^*/v}{\chi}\exp\left(-0.33\frac{xu^*}{v}\right)\right]$$

$$\frac{u^*}{U_l} = 0.05 \qquad U_l = \frac{G(1 - x_{eq})S}{\rho_l\delta}$$

$$(4\text{-}38)$$

式中：u^*——摩擦速度 $u^* = \sqrt{\tau_w/\rho}$；

    U_l——两相流动中液相平均速度；

    G——平均质量流速；

    x_{eq}——热平衡含汽率；

    S——流道间隙；

    δ——流道内液层的厚度；

    k、χ 和 c——经验常数，分别取值为 0.4、11、7.4。

对于壁面上当量半径为 R 的汽泡，当 $x = R$ 时则可计算得到相应的 U_c。

6）剪切升力 F_{SL}

根据 Van Helden 等[17]的研究，剪切升力考虑了水动力在垂直于流动方向上对汽泡上的作用力；且该力一部分是由于在汽泡上方的流体流动所导致的吸附作用，即伯努利吸附效应，另一部分则是由于来流中的涡流特性产的作用力。可用式（4-39）来表达：

$$F_{sL} = \frac{1}{2}C_{L1}\frac{\frac{1}{2}d_w}{R}A\rho_1 U_c e_x + C_{L2}\rho_1 V_b\,|\,\Delta U_c \times \omega\,|\,e_x \qquad (4\text{-}39)$$

式中：C_{L1}——常数，取 1.375，用于考虑伯努利吸附效应；

    A——汽泡在垂直于流动方向上的截面积；

    V_b——汽泡体积；

    e_x——x 轴方向上的单位向量；

    C_{L2}——经验常数，根据 Auton 实验研究发现 $C_{L2} = 0.53$；

    ω——涡强度；

    U_c——穿过汽泡中心流线上的流体速度；

    U_b——汽泡质心的运动速度，$\Delta U_c = U_c - U_b$。

因此，剪切升力的计算式可表示为：

$$F_{sL} = \frac{1}{2}\frac{11}{8}\frac{\frac{1}{2}d_w}{R}A\rho_1 U_c e_x + 0.53\rho_1 V_b\,|\,\Delta U_c \times \omega\,|\,e_x \qquad (4\text{-}40)$$

（2）汽泡受力模型

从现有的研究结果来看，在静止条件下，汽泡主要受浮力、表面张力、接触压力、汽泡生长力、稳态曳力、剪切升力等力的作用。图 4.31 为汽泡受力示意图。d_w 为壁面接触直径，在主流拖曳力的作用下，在向上流动液体中汽泡呈椭球状，其长半轴为 a，短半轴为 b；由于汽泡受到向上流动液体的冲刷，将会在流动方向上发生一定倾斜，倾斜角为 θ_c；汽泡的前后接触角并不相等，分别为 θ_a 和 θ_r；$U(x)$ 为流动液体断面上的速度分布。

在水平（x 轴）和竖直（y 轴）方向上的动量方程可表示为：

$$\sum F_x = F_{sx} + F_{dux} + F_{sL} + F_h + F_{cp} = \frac{d(mU_{bx})}{dt} \tag{4-41}$$

$$\sum F_y = F_{sy} + F_{duy} + F_{qs} + F_b = \frac{d(mU_{by})}{dt} \tag{4-42}$$

式中：F_s——表面张力；

F_{du}——由于汽泡非对称生长而导致的汽泡非对称生长力；

F_{sL}——剪切升力；

F_h——由于汽泡水动压力引起的水动力；

F_{cp}——接触力，考虑汽泡与加热壁面相接触所带来的影响；

F_{qs}——由于液体黏性而产生的流动曳力；

F_b——浮力。

由于汽泡加速项会远小于汽泡生长力项 F_{du}，可忽略不计。因此式（4-41）和式（4-42）可写成如下形式：

$$\sum F_x = F_{sx} + F_{dux} + F_{sL} + F_h + F_{cp} = 0 \tag{4-43}$$

$$\sum F_y = F_{sy} + F_{duy} + F_{qs} + F_b = 0 \tag{4-44}$$

当汽泡保持在核化点时，应满足：（1）$\sum F_x < 0$；（2）$\sum F_y < 0$，当 $\sum F_x \geqslant 0$ 而 $\sum F_y < 0$ 时，汽泡脱离核化点沿加热面滑移，当 $\sum F_x < 0$ 而 $\sum F_y \geqslant 0$ 时，汽泡直接从核化点浮升。

（3）模型验证及结果分析

1）输入参数初步选择

① 汽泡轴心倾斜角 θ_c

由前人可视化研究结果可知，汽泡脱离时存在一个小的轴心倾斜角，该轴心倾斜角的大小通常取决于质量流速、汽泡尺寸、流道状况等参数。目前没有一个较好的关系式用来描述汽泡倾斜角，基本都是通过可视化观察获得的。如 Klausner 等[13]认为在水平流动沸腾下汽泡倾斜角 θ_c 约为 10°，工质为 R113，流道截面尺寸为 25 mm×25 mm，质量流速范围是 112~287 kg/（m²·s）。Zeng 等进行了与 Klausner 相似的实验研究，通过模型预测得到的汽泡倾斜角在 5°~20° 范围内变化。潘良明等[18,19]在矩形窄缝流道内发现加热壁面上的汽泡并没有在流动方向上发生明显的倾斜，取汽泡轴心倾斜角 $\theta_c = 5°$。

② 汽泡前后接触角 θ_a 和 θ_r

在 Klausner 等[13] 的研究中，取汽泡的前接触角 $\theta_a = 45°$，后接触角 $\theta_r = 36°$。而在 Thorncroft 预测汽泡脱离直径模型中，当汽泡前后接触角分别取值为 $\theta_a = 25.3°$ 和 $\theta_r = 6.6°$，模型预测结果符合较好。

③ 汽泡附壁接触直径 d_w

在汽泡脱离核化点时，Klausner 等人认为 $d_w = 0.09$ mm，将该值代入受力平衡方程式时，预测出的汽泡脱离直径与实验值符合较好。结合接触圆形汽泡，经过比较分析，附壁接触直径约为汽泡脱离直径的 0.45 倍。对不同汽泡脱离时汽泡轴心倾斜角、前后接触角进行了测量，如图 4.32 所示。轴心倾斜角大约在 $5° \sim 10°$，汽泡前接触角大约为 $45°$，后接触角约为 $40°$。

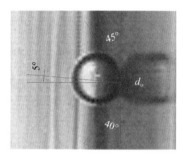

图 4.32 汽泡脱离时接触角

2）输入参数的敏感性分析

① 轴心倾斜角对预测结果的影响

在受力平衡方程式中，轴心倾斜角仅与非稳态曳力相关，如果非稳态曳力较小，则无论汽泡轴心倾斜角多大，其对汽泡脱离产生的作用都很小。在实验工况范围内，最大的非稳态曳力约为 7.92×10^{-11} N，远小于汽泡所受的其他力，因此轴心倾斜角对汽泡脱离直径没有影响（见图 4.33）。

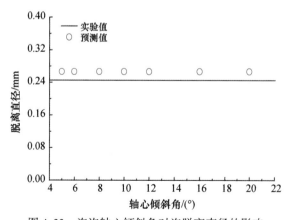

图 4.33 汽泡轴心倾斜角对汽脱离直径的影响

② 汽泡前后接触角 θ_a 和 θ_r

图 4.34 为后接触角固定为 $40°$，前接触角变化对汽泡脱离直径预测值的影响，图 4.35

为前接触角固定为 45°，后接触角变化对汽泡脱离直径预测值的影响。从图 4.34 可以看出，随着前接触角的增加，预测值由小变大，而在图 4.35 中，后接触角对汽泡预测值的影响与前接触角相反。这表明汽泡前后接触角的变化对汽泡脱离直径预测有较大的影响。

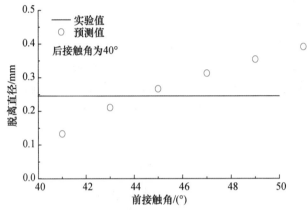

图 4.34　汽泡前接触角对汽脱离直径的影响

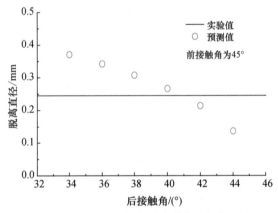

图 4.35　汽泡后接触角对汽脱离直径的影响

③ 汽泡底部接触直径 d_w

在研究中，用汽泡直径 $d(t)$ 的倍数来表征汽泡底部接触直径，通过对汽泡直径及底部接触直径分别进行测量，发现在汽泡的整个生长过程中，底部接触直径约为汽泡直径的 45%，典型结果如图 4.36 所示。从图中可以看出，汽泡底部接触直径过大或过小都会使汽泡脱离直径预测值产生较大的偏差，这表明底部接触直径对汽泡脱离直径预测有较大的影响。

3）汽泡脱离直径预测模型验证

通过上文的分析，本研究确定了汽泡输入参数，即汽泡轴心倾斜角为 5°，汽泡前后接触角为 45° 和 40°，汽泡底部接触直径为 0.45d，利用实验数据拟合获得汽泡生长曲线，输入到汽泡脱离直径预测模型中，根据汽泡脱离判断条件求解出汽泡脱离直径预测值。利用 27 个实验数据进行了比较分析，结果如图 4.37 所示，95% 的数据偏差在 −15% ~ 20%，符合较好，表明了上述受力模型是合理的。

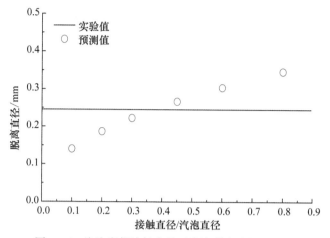

图 4.36　汽泡底部接触直径对汽泡脱离直径的影响

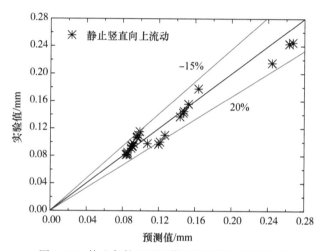

图 4.37　静止条件下预测值和实验值的比较分析

　　为了进一步明确静止条件下矩形通道内汽泡所受的各个力的权重，表 4.2 给出了部分工况下汽泡脱离时流动方向（y 轴方向）和垂直于流动方向（x 轴方向）上所受力的大小，表 4.2 中工况 1-1 到 1-3 为质量流速 300 kg/（$m^2 \cdot s$）时，工况 2-1 到 2-5 为质量流速 500 kg/（$m^2 \cdot s$）时，工况 3-1 到 3-5 为质量流速 700 kg/（$m^2 \cdot s$）时。从表中可以看出，汽泡脱离时，y 轴方向上的合力大于零，而 x 轴方向合力远小于零，表明了汽泡脱离核化点后，沿流动方向滑移，这与可视化实验观察到的现象一致。从受力分析可以看出，x 轴方向上汽泡主要受表面张力，剪切升力，水压力和接触压力作用，合力小于零。而在 y 轴方向，汽泡主要受浮力、表面张力和稳态曳力作用导致合力大于零，汽泡沿 y 轴方向脱离，而表面张力和稳态曳力量级在 10^{-7}，浮力量级在 10^{-8}，因此，在静止条件下，影响汽泡脱离直径的力主要是浮力、表面张力和稳态曳力。

表 4.2 汽泡脱离时刻受力大小

工况	F_{sx}	F_{dux}	F_{sl}	F_h	F_{cp}	$\sum F_x$	F_b	F_{qs}	F_{sy}	F_{duy}	$\sum F_y$
1-1	-1.3×10^{-5}	-6.4×10^{-14}	3.29×10^{-7}	2.16×10^{-7}	1.54×10^{-6}	-1.1×10^{-5}	7.29×10^{-8}	2.16×10^{-7}	-2.9×10^{-7}	-7.3×10^{-13}	5.29×10^{-11}
1-2	-1.5×10^{-5}	-4.6×10^{-13}	3.67×10^{-7}	2.69×10^{-7}	1.82×10^{-6}	-1.2×10^{-5}	9.51×10^{-8}	2.34×10^{-7}	-3.3×10^{-7}	-5.3×10^{-12}	3.89×10^{-10}
1-3	-1.5×10^{-5}	-5.3×10^{-12}	3.79×10^{-7}	2.86×10^{-7}	1.81×10^{-6}	-1.2×10^{-5}	9.08×10^{-8}	2.35×10^{-7}	-3.2×10^{-7}	-6.1×10^{-11}	1.26×10^{-9}
2-1	-1.08×10^{-5}	-4.40×10^{-14}	3.30×10^{-7}	3.29×10^{-7}	1.57×10^{-6}	-8.59×10^{-6}	2.19×10^{-8}	2.18×10^{-7}	-2.39×10^{-7}	-4.98×10^{-13}	3.39×10^{-10}
2-2	-9.44×10^{-6}	-4.50×10^{-14}	2.77×10^{-7}	2.32×10^{-7}	1.28×10^{-6}	-7.65×10^{-6}	1.78×10^{-8}	1.91×10^{-7}	-2.09×10^{-7}	-5.12×10^{-13}	2.48×10^{-10}
2-3	-8.63×10^{-6}	-2.90×10^{-14}	2.46×10^{-7}	1.81×10^{-7}	1.12×10^{-6}	-7.09×10^{-6}	1.58×10^{-8}	1.75×10^{-7}	-1.91×10^{-7}	-3.34×10^{-13}	9.96×10^{-11}
2-4	-8.78×10^{-6}	-5.20×10^{-14}	2.54×10^{-7}	1.94×10^{-7}	1.15×10^{-6}	-7.18×10^{-6}	1.61×10^{-8}	1.78×10^{-7}	-1.94×10^{-7}	-5.99×10^{-13}	6.18×10^{-11}
2-5	-6.78×10^{-6}	-7.20×10^{-15}	2.09×10^{-7}	2.22×10^{-7}	1.04×10^{-6}	-5.31×10^{-6}	5.00×10^{-9}	1.45×10^{-7}	-1.50×10^{-7}	-8.23×10^{-14}	2.17×10^{-12}
3-1	-6.37×10^{-6}	-4.6×10^{-13}	1.86×10^{-7}	1.71×10^{-7}	9.45×10^{-7}	-5.07×10^{-6}	4.35×10^{-9}	1.38×10^{-7}	-1.41×10^{-7}	-5.27×10^{-12}	1.78×10^{-9}
3-2	-5.65×10^{-6}	-2.4×10^{-14}	1.53×10^{-7}	1.16×10^{-7}	7.84×10^{-7}	-4.59×10^{-6}	3.65×10^{-9}	1.21×10^{-7}	-1.25×10^{-7}	-2.74×10^{-13}	7.40×10^{-11}
3-3	-5.7×10^{-6}	-5.8×10^{-13}	1.53×10^{-7}	1.17×10^{-7}	8.02×10^{-7}	-4.62×10^{-6}	3.59×10^{-9}	1.21×10^{-7}	-1.26×10^{-7}	-6.67×10^{-12}	1.10×10^{-9}
3-4	-6.9×10^{-6}	-5.1×10^{-14}	2.05×10^{-7}	2.12×10^{-7}	1.07×10^{-6}	-5.41×10^{-6}	4.83×10^{-9}	1.48×10^{-7}	-1.52×10^{-7}	-5.86×10^{-13}	6.70×10^{-10}
3-5	-4.86×10^{-6}	-6.1×10^{-15}	1.33×10^{-7}	8.77×10^{-8}	6.27×10^{-7}	-4.01×10^{-6}	3.07×10^{-9}	1.04×10^{-7}	-1.07×10^{-7}	-7.01×10^{-14}	2.56×10^{-10}

4）静止条件下汽泡受力模型预测分析

从受力角度分析热工参数对汽泡脱离直径的影响，图4.38给出了其他热工参数不变时，热流密度对汽泡脱离直径的影响，图4.39为入口过冷度对汽泡脱离直径的影响。从图4.38和图4.39可以看出，无论是从实验值还是预测值来看，热流密度和入口过冷度对汽泡脱离直径影响很小。在实验工况中，压力不变，流体温度变化不大，因此可以忽略物性对汽泡脱离直径的影响。从之前分析可知，汽泡脱离时主要受表面张力和稳态曳力的作用。在质量流速一定的条件下，稳态曳力随汽泡直径增大而增大，而随着汽泡的生长，其底部接触直径逐渐增大，因此抑制汽泡脱离的表面张力也随之逐渐增大。根据汽泡受力平衡条件，当汽泡直径达到一定程度后，流动方向上稳态曳力和表面张力之和大于零，汽泡开始脱离，即汽泡脱离仅与直径大小有关，与热流密度和入口过冷度无关，模型预测与可视化观察的实验现象一致。

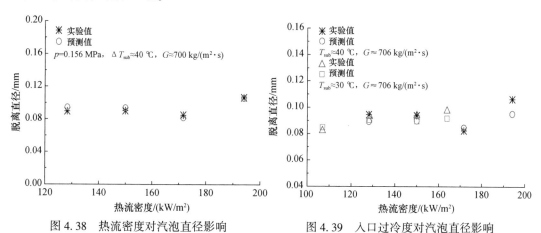

图4.38　热流密度对汽泡直径影响　　　　　图4.39　入口过冷度对汽泡直径影响

4.4.2　瞬变外力场汽泡受力模型

（1）模型构建

如图4.40所示，运动台绕面 oxz 转动。在实验中，实验段中心的投影在 y 轴上，且与运动台中心的距离为 y'，实验段底端与运动台的距离已知，汽泡产生点 o' 距离实验段底端可测得，因此汽泡产生点 o' 离运动台的距离 z' 即可得到。此时，汽泡与 z 轴有一个初始角度 $\theta' = \arctan(y'/z')$，摇摆瞬变外力场环境摇摆轴 $r' = \sqrt{y'^2 + z'^2}$，实验中 $y' = 0.1$ m，$z' = 0.73$ m，计算可知 $r' = 0.737$ m，$\theta' = 7.8°$。

实验段呈正弦方式摇摆，则有：

$$\theta(t) = \theta_m \sin\left(\frac{2\pi t}{T}\right) \tag{4-45}$$

$$\omega(t) = \frac{d\theta(t)}{dt} = \frac{2\pi \theta_m}{T} \cos\left(\frac{2\pi t}{T}\right) \tag{4-46}$$

$$\varepsilon(t) = \frac{d\omega(t)}{dt} = -\frac{4\pi^2 \theta_m}{T^2} \sin\left(\frac{2\pi t}{T}\right) \tag{4-47}$$

式中：θ_{m}——摇摆运动最大振幅；

T——摇摆运动周期。

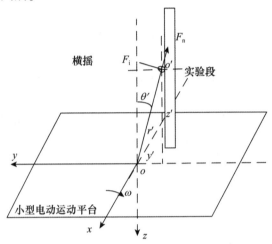

图 4.40　典型摇摆条件下汽泡受力示意图

当实验段做正弦运动时，汽泡除了受静止条件下的经典力之外，还受到摇摆所造成的附加惯性力，如离心力、切向力和科氏力。

根据瞬变外力场数学物理模型分析结果，摇摆条件下所产生的附加惯性力如下。

$$离心力：F_{\mathrm{n}} = \frac{1}{6}\pi d^3 \rho_{\mathrm{v}} \omega^2 r' \tag{4-48}$$

$$切向力：F_{\mathrm{i}} = \frac{1}{6}\pi d^3 \rho_{\mathrm{v}} \varepsilon r' \tag{4-49}$$

$$科氏力：F_{\mathrm{k}} = \frac{1}{6}\pi d^3 \rho_{\mathrm{v}} 2\omega u' \tag{4-50}$$

由于汽泡脱离之前紧贴壁面，与实验段无相对运动，因此汽泡速度方向与切向力方向相同，科氏力为零。将离心力和切向力沿流动方向分解，有：

$$F_{\mathrm{nx}} = \frac{1}{6}\pi d^3 \rho_{\mathrm{v}} \omega^2 r' \sin\theta' \tag{4-51}$$

$$F_{\mathrm{ny}} = -\frac{1}{6}\pi d^3 \rho_{\mathrm{v}} \omega^2 r' \cos\theta' \tag{4-52}$$

$$F_{\mathrm{ix}} = -\frac{1}{6}\pi d^3 \rho_{\mathrm{v}} \varepsilon r' \cos\theta' \tag{4-53}$$

$$F_{\mathrm{iy}} = -\frac{1}{6}\pi d^3 \rho_{\mathrm{v}} \varepsilon r' \sin\theta' \tag{4-54}$$

摇摆运动时，除了运动产生的附加惯性力之外，汽泡浮力方向也会随摇摆角度的变化而变化。

$$F_{\mathrm{bx}} = F_{\mathrm{b}} \sin[\theta(t)] \tag{4-55}$$

$$F_{\mathrm{by}} = F_{\mathrm{b}} \cos[\theta(t)] \tag{4-56}$$

将离心力、切向力及变化后浮力带入式（4-57）和式（4-58）有：

x 轴方向：

$$\sum F_x = F_{sx} + F_{dux} + F_{sl} + F_h + F_{cp} + F_{bx} + F_{nx} + F_{ix} = \rho_v V_b \frac{\mathrm{d}u_{gx}}{\mathrm{d}t} \qquad (4-57)$$

y 轴方向：

$$\sum F_y = F_{sy} + F_{duy} + F_{qs} + F_{by} + F_{ny} + F_{iy} = \rho_v V_b \frac{\mathrm{d}u_{gy}}{\mathrm{d}t} \qquad (4-58)$$

（2）模型验证

将起伏和摇摆运动时前后接触角取为定值。取前接触角为 42°，后接触角为 40°，其他输入参数与静止时相同，按静止条件时的方法对起伏和摇摆条件下汽泡脱离直径进行求解，并与实验数据进行了对比分析，结果如图 4.41 所示，偏差在 -16.3% ~ 15.5%，计算结果与实验数据符合较好，表明了上述瞬变外力场环境受力模型是合理的。

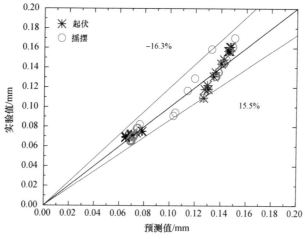

图 4.41　瞬变外力场环境下汽泡脱离直径预测值和实验值的比较分析

表 4.3 分别给出了部分起伏和摇摆工况下汽泡脱离时所受力的大小，5a 为质量流速 300 kg/(m²·s) 时工况，5b 为质量流速 700 kg/(m²·s) 时工况。从表中可以看出，在汽泡脱离时，均是 y 轴方向上合力大于零，而 x 轴方向上所受合力远小于零，这表明和静止条件时一样，汽泡脱离核化点后沿流动方向向上滑移，这和实验所观察到的现象一致。表 4.3 中 F_{nx} 和 F_{ix} 为摇摆运动时汽泡在 x 轴方向所受附加惯性力，F_{ny} 和 F_{iy} 为汽泡在 y 轴方向所受附加惯性力。从表 4.3 中可以看出，摇摆运动时，汽泡所受附加惯性力的量级在 $10^{-15} \sim 10^{-13}$，远小于其他力。从预测结果来看，浮力的量级与表面张力和稳态曳力相当，因此，汽泡脱离时主要受浮力、表面张力和稳态曳力的作用。由海洋条件所产生的附加惯性力在本实验工况范围内很小，对汽泡脱离直径的影响可以忽略不计，但附加惯性运动使得浮力沿流动方向发生周期性变化，在一定条件下可能会影响汽泡脱离，下文通过汽泡受力模型的应用分析进一步说明。

表 4.3　摇摆条件下汽泡脱离时刻受力大小

工况	F_{bx}	F_{sx}	F_{dux}	F_{sl}	F_h	F_{cp}	F_{nx}	F_{ix}	$\sum F_x$
5a-1	$2.1×10^{-9}$	$-7.8×10^{-6}$	$-9.3×10^{-14}$	$2.7×10^{-8}$	$2.5×10^{-8}$	$1.0×10^{-6}$	$3.0×10^{-16}$	$1.5×10^{-13}$	$-6.7×10^{-6}$
5a-2	$1.1×10^{-9}$	$-8.5×10^{-6}$	$-9.9×10^{-14}$	$3.1×10^{-8}$	$3.2×10^{-8}$	$1.2×10^{-6}$	$7.5×10^{-15}$	$1.7×10^{-13}$	$-7.3×10^{-6}$
5a-3	$4.6×10^{-9}$	$-8.8×10^{-6}$	$-9.7×10^{-14}$	$3.2×10^{-8}$	$3.5×10^{-8}$	$1.2×10^{-6}$	$1.2×10^{-15}$	$1.2×10^{-13}$	$-7.5×10^{-6}$
5a-4	$4.5×10^{-9}$	$-1.0×10^{-5}$	$-4.9×10^{-14}$	$3.8×10^{-8}$	$5.2×10^{-8}$	$1.6×10^{-6}$	$4.7×10^{-15}$	$1.8×10^{-13}$	$-8.4×10^{-6}$
5b-1	$2.7×10^{-10}$	$-4.6×10^{-6}$	$-2.1×10^{-13}$	$4.4×10^{-8}$	$5.9×10^{-8}$	$6.5×10^{-7}$	$2.9×10^{-16}$	$2.3×10^{-14}$	$-3.9×10^{-6}$
5b-2	$-2.6×10^{-10}$	$-4.6×10^{-6}$	$-2.0×10^{-13}$	$9.1×10^{-8}$	$6.1×10^{-8}$	$6.5×10^{-7}$	$6.9×10^{-16}$	$-5.1×10^{-14}$	$-3.8×10^{-6}$
5b-3	$-2.6×10^{-10}$	$-3.8×10^{-6}$	$-7.4×10^{-14}$	$3.5×10^{-8}$	$3.6×10^{-8}$	$4.9×10^{-7}$	$6.3×10^{-16}$	$-8.1×10^{-15}$	$-3.3×10^{-6}$
5b-4	$-1.2×10^{-10}$	$-3.8×10^{-6}$	$-3.8×10^{-14}$	$3.6×10^{-8}$	$3.6×10^{-8}$	$4.9×10^{-7}$	$1.2×10^{-15}$	$-5.8×10^{-15}$	$-3.3×10^{-6}$

工况	F_h	F_{by}	F_{qs}	F_{sy}	F_{duy}	F_{ny}	F_{iy}	$\sum F_y$
5a-1	$2.5×10^{-8}$	$1.2×10^{-8}$	$5.6×10^{-8}$	$-6.9×10^{-8}$	$-1.1×10^{-12}$	$-2.2×10^{-15}$	$2.0×10^{-14}$	$1.4×10^{-11}$
5a-2	$3.2×10^{-8}$	$1.4×10^{-8}$	$6.1×10^{-8}$	$-7.5×10^{-8}$	$-1.1×10^{-12}$	$-5.5×10^{-14}$	$2.4×10^{-14}$	$8.0×10^{-11}$
5a-3	$3.5×10^{-8}$	$1.4×10^{-8}$	$6.3×10^{-8}$	$-7.7×10^{-8}$	$-1.1×10^{-12}$	$-9.0×10^{-15}$	$1.6×10^{-14}$	$1.3×10^{-12}$
5a-4	$5.2×10^{-8}$	$1.6×10^{-8}$	$7.3×10^{-8}$	$-8.9×10^{-8}$	$-5.6×10^{-13}$	$-3.4×10^{-14}$	$2.4×10^{-14}$	$1.8×10^{-10}$
5b-1	$5.9×10^{-8}$	$2.0×10^{-9}$	$7.9×10^{-8}$	$-8.2×10^{-8}$	$-2.4×10^{-12}$	$-2.2×10^{-15}$	$3.0×10^{-15}$	$-6.3×10^{-10}$
5b-2	$6.1×10^{-8}$	$2.0×10^{-9}$	$7.9×10^{-8}$	$-8.1×10^{-8}$	$-2.2×10^{-12}$	$-5.2×10^{-15}$	$-6.7×10^{-15}$	$2.1×10^{-10}$
5b-3	$3.6×10^{-8}$	$1.6×10^{-9}$	$6.5×10^{-8}$	$-6.8×10^{-8}$	$-8.4×10^{-13}$	$-4.7×10^{-15}$	$-1.1×10^{-15}$	$-7.7×10^{-10}$
5b-4	$3.6×10^{-8}$	$1.6×10^{-9}$	$6.6×10^{-8}$	$-6.8×10^{-8}$	$-4.3×10^{-13}$	$-9.3×10^{-15}$	$-7.7×10^{-16}$	$-4.4×10^{-10}$

（3）运动参数对汽泡特性的影响分析

1）起伏运动对汽泡脱离直径的影响

由上文可知，起伏运动时汽泡受附加力量级较小可忽略不计，而由于浮力与表面张力、稳态曳力量级基本相同，因此起伏运动引起的浮力变化必须予以考虑。起伏时浮力改变的本质是起伏加速度与重力加速度叠加并同时作用在汽泡和流体上，因此有 $F'_b = (\rho_1 - \rho_v) V_b g'$，其中 $g' = g + a(t)$。

为了分析起伏瞬变外力场环境浮力改变对汽泡脱离直径的影响，在静止工况基础上加入起伏瞬变外力场并通过模型进行计算。当实验段处于起伏运动状态，产生最大加速度为 a_{max} 时，由于加速度有正有负，因此在模型中将起伏加速度固定为最大正值或最小负值进行计算，即可知道该最大加速度条件下汽泡脱离直径的影响范围。

以起伏最大加速度 $a_{max} = 1g$ 为例，此时 $g'_{max} = 2g$，$g'_{min} = 0$，静止条件下，重力加速度为 g。通过模型计算可知浮力与总合力随时间的变化如图 4.42 所示，当总合力等于 0 时，汽泡脱离。图 4.42（a）为 $G \approx 300$ kg/（m² · s）时模型计算结果，从图中可知，静止时 $t = 2505$ ms 汽泡脱离，计算得到汽泡脱离直径为 0.143 mm；汽泡受浮力最大，即 $g'_{max} = 2g$ 时脱离时间为 3009 ms，计算得到汽泡脱离直径为 0.169 mm，与静止时偏差为 18%；汽泡受浮力最小，即 $g'_{min} = 0$ 时脱离时间为 $t = 2203$ ms，计算得到汽泡脱离直径为 0.127 mm，与静止时偏差为 -11%。由于汽泡在运动周期任意时刻都可能脱离，因此最大起伏加速度 $a_{max} = 1g$ 时，与静止时相比，汽泡脱离直径会在 -11% ~ 18% 波动。其原因在于汽泡受浮力变大，汽泡更易满足脱离条件，因此汽泡脱离直径变小，反之亦然。

图 4.42（b）为 $G \approx 700$ kg/（m² · s）时模型计算结果，静止时 $t = 381$ ms 汽泡脱离，计算得到汽泡脱离直径为 0.072 mm；汽泡受浮力最大，即 $g'_{max} = 2g$ 时脱离时间为 391 ms，计算得到汽泡脱离直径为 0.074 mm，与静止时偏差为 1.8%；汽泡受浮力最小，即 $g'_{min} = 0$ 时脱离时间为 $t = 372$ ms，计算得到汽泡脱离直径为 0.071 mm，与静止时偏差为 -1.8%。这表明 $G \approx 700$ kg/（m² · s）时，当起伏运动中产生的最大加速度 $a_{max} = 1g$ 时，与静止时相比，汽泡脱离直径会在 -1.8% ~ 1.8% 波动。

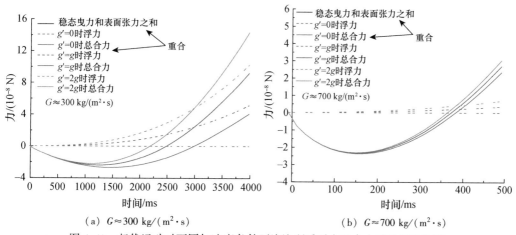

（a）$G \approx 300$ kg/（m² · s）　　　　（b）$G \approx 700$ kg/（m² · s）

图 4.42　起伏运动时不同加速度条件下汽泡所受浮力及合力随时间变化图

对比图 4.42（a）和图 4.42（b），发现在相同的最大起伏加速度条件下，$G \approx 300$ kg/（m²·s）时汽泡脱离直径的波动量比 $G \approx 700$ kg/（m²·s）时大得多。其原因是质量流速较大时汽泡脱离直径较小，因此浮力相对于表面张力和稳态曳力来说相对较小，其对汽泡脱离直径的影响也相对较小。

在浮力对汽泡脱离直径的影响机理分析基础上，为了进一步探索起伏加速度对汽泡脱离直径的影响，通过模型对实验工况及更高起伏参数下汽泡脱离直径进行了计算，结果如图 4.43 所示。从图中可以看出，随着最大起伏加速度的增加，汽泡脱离直径波动范围越大，当最大起伏加速度 $a = 0.3g$ 时，$G \approx 300$ kg/（m²·s）时汽泡脱离直径在 ±4% 范围内波动；$G \approx 700$ kg/（m²·s）时汽泡脱离直径在 ±0.6% 范围内波动。这表明在实验工况范围内，在低质量流速下，起伏运动对汽泡脱离直径有一定的影响，但随着质量流速的增加，由于曳力增强，以及汽泡质量减小，使得起伏运动对汽泡脱离直径的影响减小。这与可视化实验观察一致，只是可视化实验测量脱离直径波动范围大于理论计算值，这或许是由于汽泡脱离随机性等原因造成的。进一步增加起伏参数发现，最大起伏加速度 $a_{\text{max}} = 1g$ 且 $G \approx 300$ kg/（m²·s）时，汽泡脱离直径波动范围为 −11%～18%，此时起伏加速度会对汽泡脱离直径产生明显影响；而在 $G \approx 700$ kg/（m²·s）时，要使汽泡脱离直径产生相似范围的波动，需要的最大起伏加速度 $a_{\text{max}} = 8g$。这表明随着起伏加速度的增大，相同运动周期内汽泡脱离直径波动会增大，而质量流速的增大会抑制这种效应。

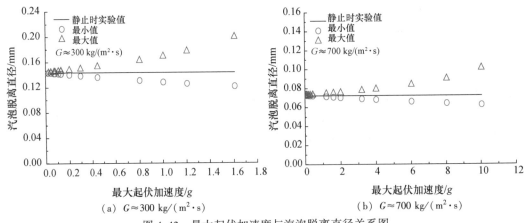

（a）$G \approx 300$ kg/（m²·s）　　　　　（b）$G \approx 700$ kg/（m²·s）

图 4.43　最大起伏加速度与汽泡脱离直径关系图

上文主要分析了同一周期内汽泡脱离时刻相同时汽泡所受的各个力的作用和地位。由上述分析可知，较低质量流速下起伏加速度对汽泡脱离直径影响较大。因此，本节对 $G \approx 300$ kg/（m²·s）时同一周期内汽泡在不同时刻生长对其脱离直径的影响进行了深入分析，具体方法是在静止工况基础上加入起伏瞬变外力场并通过模型进行计算，实验中最大起伏工况为振幅 0.2 m，频率 0.61 Hz，周期为 1640 ms，此时最大起伏加速度为 0.3g。假定从 $t = 0$ 时刻开始，每间隔 200 ms 产生一个汽泡，所有的生长曲线如图 4.44 所示。从图 4.44（a）中可以看出，汽泡脱离直径随着脱离时刻不同会发生变化，进一步分析发现，0～300 ms 和 1300～1640 ms 内产生的汽泡在实验段加速度由 +0.3g 变化为 −0.3g 的半个周期内脱离，而 300～1300 ms 内产生的汽泡在实验段加速度由 −0.3g 变化为 +0.3g 的半个周期内脱离，由此可知，实验段加速度由−0.3*g* 变化为+0.3*g* 的半个周期内脱离汽泡较多。将起伏参数加大为振幅 1 m，频率 0.5 Hz，周期为 2000 ms，此时最大起伏加速度 1*g*，结果如图 4.44（b）所示。从图中可以看出，一个周期内不同时刻产生的汽泡，绝大多数都是在实验段加速度由−0.1*g* 变化为+0.1*g* 的半个周期内脱离。这表明实验段在起伏瞬变外力场环境，不但汽泡脱离直径会发生改变，汽泡更倾向于在起伏加速度由负变正的半个周期内脱离，且这种趋势随着最大起伏加速度的增大而增强。由受力分析可知，这是因为在起伏加速度由正变为负的过程中，促使汽泡脱离点浮力逐渐变小，且减小量绝对值大于由于汽泡直径增加而导致的曳力增长量，因此，汽泡更不容易脱离；而在起伏加速度由负变为正的过程中，汽泡所受浮力不断增大，汽泡更易脱离。

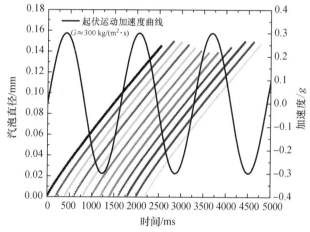

（a）振幅 0.2 m，频率 0.61 Hz，最大起伏加速度 0.3*g*

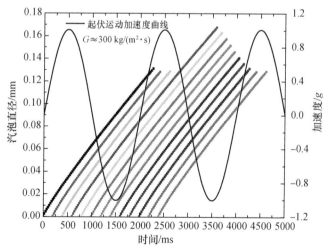

（b）振幅 1 m，频率 0.5 Hz，最大起伏加速度 1*g*

图 4.44　汽泡不同时刻产生时其生长曲线图

2）摇摆运动对汽泡脱离直径的影响分析

为了分析摇摆运动过程中浮力改变对汽泡脱离直径的影响，在静止工况基础上加入摇摆运动并通过模型中进行计算。实验段摇摆运动时所受离心力、切向力等附加力很小，不予考虑。摇摆运动时实验段倾斜角度不断变化，汽泡在 y 方向上的浮力分量也会随之改变，而浮力是汽泡脱离过程中起主要作用的力，因此在摇摆运动中，浮力对汽泡脱离直径的影响也是必须考虑的。由于摇摆运动时浮力在 y 方向上分量仅随实验段倾斜角度变化，因此只和最大摇摆角相关。考虑到摇摆运动的对称性，倾斜角为正或者负且绝对值相同时，汽泡在 y 方向上浮力分量相同且均比竖直时小，因此竖直向上流动时，汽泡所受浮力在流动方向上分量最大，此时汽泡脱离直径最小，而汽泡在最大倾斜角脱离时，汽泡所受浮力在流动方向上分量最小，汽泡脱离直径最大。在模型中将实验段倾斜角固定为最大摇摆角进行求解，即可得到汽泡在该最大摇摆角时汽泡脱离直径的偏差。图 4.45 为模型计算得到的结果。如图所示，最大摇摆角为 30°，$G \approx 300 \ \text{kg}/(\text{m}^2 \cdot \text{s})$ 时最大偏差为 2%，$G \approx 700 \ \text{kg}/(\text{m}^2 \cdot \text{s})$ 时最大偏差为 0.25%，因此在本实验工况范围内，摇摆运动对汽泡脱离直径影响很小，实验中观察到的汽泡脱离直径随脱离时刻摇摆角加速度的变化可能是由于汽泡脱离时本身的随机性以及局部周围流场扰动造成的。

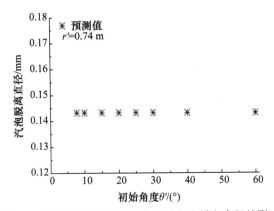

图 4.45　摇摆条件下初始角度 θ' 对汽泡脱离直径的影响

当实验段处于摇摆运动时，同起伏时一样，由于汽泡会在运动周期中任意时刻脱离，因此其脱离直径在最大值和最小值之间波动。通过加大摇摆参数可知，当最大摇摆角达到 90°，$G \approx 300 \ \text{kg}/(\text{m}^2 \cdot \text{s})$ 时，汽泡脱离直径最大偏差为 17.6%；而 $G \approx 700 \ \text{kg}/(\text{m}^2 \cdot \text{s})$ 时最大偏差仅为 1.8%。由此可知，质量流速较小且最大摇摆角较大时，摇摆运动会使汽泡脱离直径产生较大波动，而质量流速的增大会抑制这种效应。

摇摆运动时，由于实验段非中心布置，会对汽泡所受附加力产生影响，这是因为当实验段在运动台上的摆放位置和高度变化时，汽泡与 z 轴的初始角度 θ' 和摇摆轴 r' 也会随之变化，从而影响摇摆时向心力和切向力在流动方向上分力的大小，因此有必要研究实验段摆放位置，即汽泡与 z 轴的初始角度 θ' 和摇摆轴 r' 对汽泡脱离直径的影响。实验中 $\theta' = 7.8°$，$r' = 0.74 \ \text{m}$，在不同摇摆工况下，通过改变初始角度 θ' 或摇摆轴 r'，即可预测初始角度 θ' 或摇摆轴 r' 对汽泡脱离直径的影响。计算中采用静止 $G \approx 300 \ \text{kg}/(\text{m}^2 \cdot \text{s})$ 时的数据，在实验最大角加速度的摇摆工况下进行预测，即摇摆最大角 10°，频率 0.32 Hz，最大角加速度 0.71 rad/s^2，结果如图 4.46 所示。从图 4.45 可看出，汽泡脱离直径预测值在 θ' 范围为 5°~60° 时无变化，而从图 4.46 可以看出，摇摆轴长 r' 在 0.2~10 m 的范围内汽泡脱离直径预测值基本无变化。这表明在实验工况下，$\theta' < 60°$，$r' < 10 \ \text{m}$ 范围内实验段摆

放的位置对汽泡脱离直径无影响，这是因为 θ' 和 r' 变化时，仅会导致汽泡受向心力和切向力发生变化，而从上文中受力分析可知，这些力相对于汽泡所受浮力、稳态曳力和表面张力来说要小得多，因此不会对汽泡脱离直径产生影响。

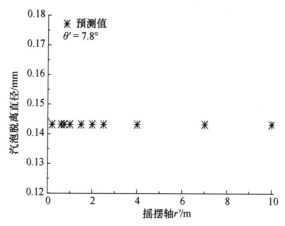

图 4.46　摇摆条件下初始角度 r' 对汽泡脱离直径的影响

为了深入分析 $G \approx 300 \ \mathrm{kg/(m^2 \cdot s)}$ 时同一周期内汽泡在不同时刻生长对其脱离直径的影响，在静止工况基础上加入摇摆瞬变外力场并通过模型进行计算。比如实验中初始摇摆工况为振幅 30°，频率 0.1 Hz，周期为 10 000 ms，此时最大摇摆角加速度为 0.21 rad/s²。假定从 $t=0$ 时刻开始，每间隔 1000 ms 产生一个汽泡，所有的生长曲线如图 4.47（a）所示，从图中可以看出，汽泡在不同时刻产生，其脱离直径变化不大，这表明该种情况下摇摆运动不足以对汽泡脱离直径产生影响。将摇摆参数加大为振幅 60°，频率 0.1 Hz，周期为 10 000 ms，此时最大摇摆角加速度为 0.41 rad/s²，结果如图 4.47（b）所示。从图中可以看出，在角加速度最大和最小时汽泡脱离直径最大，且大小基本一致，而在角加速度为 0 时，汽泡脱离直径最小。这是因为角加速度为 0 时，实验段处于中心位置，此时汽泡所受浮力最大，而由之前的受力分析可知，当角加速度为最大或最小时，汽泡所受浮力均变小且大小一致。

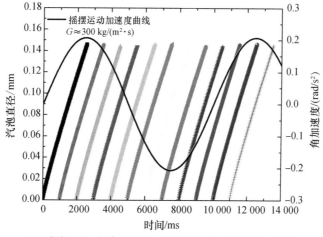

（a）振幅 30°，频率 0.1 Hz，最大摇摆角加速度 0.21 rad/s²

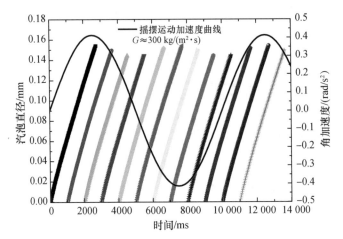

（b）振幅 60°，频率 0.1 Hz，最大摇摆角加速度 0.41 rad/s²

图 4.47 汽泡不同时刻产生时其生长曲线图

4.5 汽泡行为数值计算模型

汽泡数值模型开发部分包含三个模型，分别为单汽泡生长模型、单汽泡冷凝模型和多汽泡相互作用模型。因此在研究中采用 VOF 方法模拟汽泡动力学行为，这些界面模型方法对计算机要求极高，以目前的计算能力，只能选取部分计算区域进行计算，难以实现全尺寸模拟。

VOF 模型引入计算单元里的相体积分数 α，汽相和液相的体积分数分别为 α_v 和 α_l，当 $\alpha_v = 1$ 时为汽相区域，当 $\alpha_l = 1$ 时为液相区域，当 α_v 和 α_l 在 $0 \sim 1$ 之间为汽液共存的汽液两相区。相界面的跟踪通过求解汽相和液相容积比率的连续方程来完成，而且汽泡相界面采用基于 VOF 模型的 PLIC 界面重构算法计算。对第 q 相，连续性方程为：

$$\frac{\partial \alpha_q}{\partial t} + \boldsymbol{u} \cdot \nabla \alpha_q = \frac{S_q}{\rho_q} \tag{4-59}$$

式中：S_q——不同区域第 q 相的质量源项。

动量方程：

$$\frac{\partial}{\partial t}(\rho \boldsymbol{u}) + \nabla \cdot (\rho \boldsymbol{u}\boldsymbol{u}) = -\nabla p + \nabla \cdot [\mu(\nabla \boldsymbol{u} + \nabla \boldsymbol{u}^{\mathrm{T}})] + \rho \boldsymbol{g} + \boldsymbol{F} + S \tag{4-60}$$

式中：$\boldsymbol{F}$——表面张力，采用 CSF 模型计算。

$$\boldsymbol{F} = \sigma \frac{\rho \kappa_i \nabla \alpha_i}{\frac{1}{2}(\rho_i + \rho_j)} \tag{4-61}$$

能量方程：

$$\frac{\partial}{\partial t}(\rho E) + \nabla \cdot [\boldsymbol{u}(\rho E + p)] = \nabla \cdot (\lambda \nabla T) + S_q \tag{4-62}$$

式中：S_q——不同区域的第 q 相的能量源项。

4.5.1 单汽泡生长模型

（1）单汽泡生长模型构建

如图 4.48 所示为汽泡生长物理过程示意图。流道为竖直流道，流动速度为 u 的主流沿 y 轴方向由下向上流动。主流区域的温度 T_1 低于液体工作压力下的饱和温度 T_{sat}，单面加热的壁面温度 $T_w > T_{sat}$。靠近加热壁面的液体温度较高，即为近壁过热液体区域，该区域的液体温度高于饱和温度，低于加热壁面温度，$T_{sat} < T_1 < T_w$。近壁面附近存在一个过热液体层，其温度 $T_1 > T_{sat}$。汽泡底部附近存在一个微液层蒸发区。β 为汽泡与加热壁面的接触角。

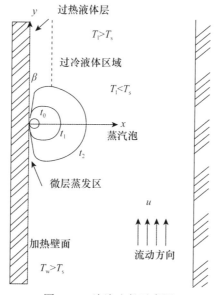

图 4.48 汽泡生长示意图

为了实现汽泡的生长和运动过程的模拟，有必要对该物理过程进行一定的假设，根据前人的研究和实验观察的结果，作如下假设：

① 初始时刻加热壁面上存在一个直径很小的汽泡，汽泡的初始直径根据 Han-Griffith 关系式计算，其初始直径 $d = 50 \sim 80\ \mu m$，此处取 $50\ \mu m$；

② 汽泡内部的蒸汽视为理想气体；

③ 汽泡内部的温度为相应压力下的饱和温度 T_s 并且在汽泡生长过程中保持不变；

④ 初始时刻汽泡内部的压力由 Young-Laplace 方程确定：

$$p_v = p_1 + \frac{2\sigma}{r} \tag{4-63}$$

1）泡底微液层蒸发模型

大量实验表明，汽泡无论是在核化点的生长过程，还是在加热壁面上的滑移生长过程，汽泡底部都存在着微液层。通过汽泡底部微液层蒸发进入汽泡的质量对汽泡生长起到了极其重要的作用。假设在该液层中温度为线性分布，微液层表面蒸发的热量由壁面由微层导热而来，则：

$$q = \lambda \frac{T_w - T_v}{\delta} \qquad (4\text{-}64)$$

式中：λ——过热液体的导热系数，$W/(m \cdot K)$；

T_w——加热壁面温度，K；

T_v——汽泡内部蒸汽的饱和温度，K；

δ——该泡底微液层的厚度，m。

微液层的厚度 δ 是一个重要参数。汽泡在核化点生长的时候，微液层的厚度采用 Olander 等由泡底微层区域和汽泡外部区域的简化 N-S 方程出发，结合前人对汽泡生长速率的研究结果而推导出的微液层厚度解析表达式：

$$\delta = \frac{\pi}{8\sqrt{3}} \frac{\rho_v h_{fg} d}{\rho_1 c_{pl} \Delta T_w} Pr^{\frac{1}{2}} \qquad (4\text{-}65)$$

式中：ρ_v——蒸汽的密度，kg/m^3；

h_{fg}——汽化潜热，kJ/kg；

c_{pl}——液体的定压比热容，$kJ/(kg \cdot K)$；

ρ_1——液体的密度，kg/m^3；

ΔT_w——壁面过热度，K；

d——汽泡的直径，m；

Pr——液体的普朗特数。

当汽泡在加热壁面上滑移运动的时候，微液层的厚度与汽泡固定生长的时候有很大的不同，采用 Addlesee 和 Cornwell 的滑移汽泡底部微液层厚度的表达式：

$$\delta = 1.3 \left(\frac{\nu_1 H}{u} \right)^{\frac{1}{2}} \qquad (4\text{-}66)$$

式中：ν_1——液体的运动黏度，m^2/s；

H——汽泡的高度；

u——汽泡的滑移速度，m/s。

根据以上的分析，通过微液蒸发进入汽泡的蒸汽质量流率 G：

$$G = q/h_{fg} \qquad (4\text{-}67)$$

式中：h_{fg}——汽化潜热，kJ/kg；

q——通过微液层蒸发所导入热量的热流密度，kW/m^2。

2）汽液界面传质模型

为了描述汽液界面的传质特性，采用经典的界面传质特性的 Hertz-Knudsen 公式：

$$G = \frac{2}{2 - \sigma_e} \sqrt{\frac{M}{2\pi R}} \left(\sigma_e \frac{p_s(T_1)}{\sqrt{T_1}} - \sigma_c \frac{p_v}{\sqrt{T_v}} \right) \qquad (4\text{-}68)$$

式中：R——气体常数；

M——气体摩尔质量；

T_1——汽液界面处的液体温度；

p_{sat}——液体温度 T_1 所对应的液体饱和压力；

p_v——泡内蒸汽压力；

σ_e——界面蒸发系数；

σ_c——界面凝结系数。

一般认为平衡态条件下 $\sigma_e = \sigma_c$。当 $G>0$ 时，汽液界面有净质量流进入汽泡，汽液界面发生蒸发。当 $G<0$ 时，汽液界面有净质量进入液相主流，汽液界面发生凝结。

3）源项的表达式

由于 Fluent 是基于有限容积法（FVM）的计算流体力学软件，连续性方程的源项是单位体积的质量流速。而且根据上文中的相变模型计算得到的相变质量是相应区域内总的相变质量，并不是该区域不同内的计算网格所应加入的源项。因此应用公式（4-69）将总的蒸发质量转化为相应区域内不同计算网格单元的源项 m_j，单位是 kg/（m³·s）。

$$m_j = \frac{\alpha_v S_j}{\sum\limits_j \alpha_v \times V_j} G \qquad (4-69)$$

式中：S_j—— 第 j 个网格的面积；

V_j——第 j 个网格的体积；

m_j——第 j 个网格中的质量源项。

则计算网格单元能量源项（W/m³）为：

$$q_j = m_j \cdot h_{fg} \qquad (4-70)$$

采用已经开发的瞬变外力场的运动计算程序，结合上述模型对瞬变外力场的汽泡生长过程进行了数值模拟。

（2）模型计算结果验证及评价

1）静止条件下的汽泡生长数值模拟

图 4.49 为单汽泡沿近壁面运动时情况，汽泡脱离后沿壁面滑移运动，汽泡形态以及运动特性与可视化实验获得汽泡动力特性相似。

2）瞬变外力场汽泡生长情况比较

由于汽泡生长过程的时间较长，尤其在加入描述瞬变外力场的动量源项之后，计算过程更加复杂且耗时很久，汽泡数值模拟对计算机硬件能力提出了相当高的要求。只能取局部区域进行数值模拟，并且计算一个工况，需要较长的时间。因此对表 4.4 所示的瞬变外力场工况单个汽泡进行数值模拟，将模拟结果与可视化的实验结果进行对比，用于单汽泡生长模型的评价。由图 4.50 可以看到，瞬变外力场环境单个汽泡的生长曲线与相应工况下的实验结果吻合较好，表明了单汽泡生长模型能够较好地预测瞬变外力场环境的汽泡生长过程。

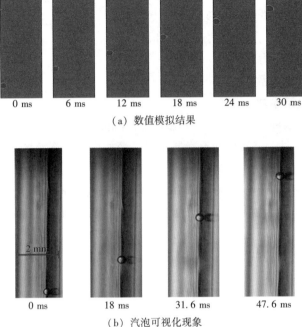

（a）数值模拟结果

（b）汽泡可视化现象

图 4.49 竖直条件下汽泡生长过程

表 4.4 瞬变外力场的数值模拟工况

工况		运动参数	质量流速 $G/$ [(kg/(m²·s))]	热流密度 $q/$ (kW/m²)	入口压力 p/MPa	入口过冷度 ΔT/K	汽泡距离入口位置 L/mm
起伏	例 1	0.5 m，0.2 Hz	302.82	79.63	0.143 5	40.79	175
摇摆	例 2	10°，0.32 Hz	301.96	88.90	0.144	41.09	175

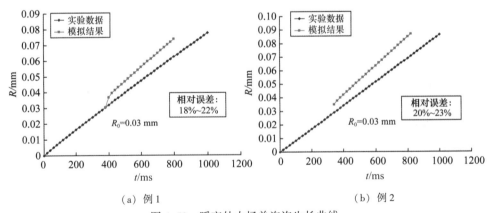

（a）例 1　　　　　　　　　　　（b）例 2

图 4.50 瞬变外力场单汽泡生长曲线

4.5.2 多汽泡运动模型

（1）传热传质模型

根据气体动力理论，相变过程中汽液界面蒸发-冷凝质量流率可以用 Hertz-Knudsen 公式表示为：

$$F = \beta \sqrt{\frac{M}{2\pi R T_{\text{sat}}}} (p^* - p_{\text{sat}}) \tag{4-71}$$

式中：F——质量流率，$\text{kg}/(\text{m}^2 \cdot \text{s})$；

M——摩尔质量，g/mol；

R——普适气体常数，$\text{J}/(\text{mol} \cdot \text{K})$；

p^*——汽相压力，Pa；

β——汽相（液相）分子进入液相（汽相）表面并被表面吸收的份额，即蒸发（凝结）系数。

在汽液平衡条件下，蒸发系数和凝结系数相等，在实际应用中为了方便起见，也经常假定蒸发系数和凝结系数相等，在一个大气压下对水蒸发凝结系数取 0.04。在平衡条件下，汽液两相化学势相同，由 Clapeyron-Clausius 方程可以得到饱和状态下压力和温度关系式：

$$\frac{\text{d}p}{\text{d}T} = \frac{h_{\text{lv}}}{T(\nu_{\text{v}} - \nu_{\text{l}})} \tag{4-72}$$

式中：ν_{l} 和 ν_{v}——液相和汽相比体积，m^3/kg；

h_{lv}——汽化潜热，J/kg。

在低压下液相比体积相对于汽相比体积很小，可以忽略不计。当汽相温度 T^* 和压力 p^* 接近饱和状态时，可由上述微分关系式得到：

$$p^* - p_{\text{sat}} = \frac{h_{\text{lv}}}{T(\nu_{\text{v}} - \nu_{\text{l}})} (T^* - T_{\text{sat}}) \tag{4-73}$$

将式（4-73）代入 Hertz-Knudsen 公式即可得到：

$$F = \beta \sqrt{\frac{M}{2\pi R T_{\text{sat}}}} h_{\text{lv}} \left(\frac{\rho_{\text{v}} \rho_{\text{l}}}{\rho_{\text{l}} - \rho_{\text{v}}}\right) \frac{T^* - T_{\text{sat}}}{T_{\text{sat}}} \tag{4-74}$$

对直径为 d 的汽泡，汽泡表面积 A_{b} 与汽泡体积 V_{b} 比值，即汽液界面面积密度可以表示为：

$$\frac{A_{\text{b}}}{V_{\text{b}}} = \frac{A_{\text{b}}}{\alpha_{\text{v}} V_{\text{cell}}} = \frac{4\pi (d/2)^2}{4\pi (d/2)^3/3} = \frac{6}{d} \tag{4-75}$$

式中：V_{cell}——单元体积。

这样汽泡在单元内的界面面积密度可以表示为：

$$\frac{A_{\text{b}}}{V_{\text{cell}}} = \frac{6\alpha_{\text{v}}}{d} \tag{4-76}$$

结合公式（4-71）蒸发-冷凝质量流率表达，即可将汽液界面处的质量输运写成体积源项的形式：

$$S_{\mathrm{m}} = F\frac{A_{\mathrm{b}}}{V_{\mathrm{cell}}} = c\left(\alpha_{\mathrm{v}}\rho_{\mathrm{v}}\frac{T^* - T_{\mathrm{sat}}}{T_{\mathrm{sat}}}\right) \tag{4-77}$$

其中：

$$c = \frac{6}{d}\beta\sqrt{\frac{M}{2\pi RT_{\mathrm{sat}}}}h_{\mathrm{lv}}\left(\frac{\rho_{\mathrm{l}}}{\rho_{\mathrm{l}} - \rho_{\mathrm{v}}}\right) \tag{4-78}$$

系数 c 可以认为是一个时间松弛因子，1/s。在实际模拟过程中，由于汽泡直径 d 不是预知的，因此需要对该系数进行适当调整。

根据以上分析，以饱和温度为界，质量传递方向和大小如下：如果 $T \geq T_{\mathrm{sat}}$，控制容积中液相质量减少，相应的汽相质量增加，液相蒸发，质量从液相向汽相传递；如果 $T < T_{\mathrm{sat}}$，控制容积中汽相质量减少，相应的液相质量增加，汽相冷凝，质量从汽相向液相传递。质量输运源项的大小可以表示为：

$$S_{\mathrm{m}} = \begin{cases} c_{\mathrm{l}}\alpha_{\mathrm{l}}\rho_{\mathrm{l}}(T - T_{\mathrm{sat}})/T_{\mathrm{sat}} & T \geq T_{\mathrm{sat}} \\ c_{\mathrm{v}}\alpha_{\mathrm{v}}\rho_{\mathrm{v}}(T - T_{\mathrm{sat}})/T_{\mathrm{sat}} & T < T_{\mathrm{sat}} \end{cases} \tag{4-79}$$

根据 Yang 等人研究结论，若 c_{l} 和 c_{v} 取值过大时，会造成数值计算结果收敛很困难；若 c_{l} 和 c_{v} 取值过小时，又会造成汽液界面温度与饱和温度产生明显偏差，因此为避免数值迭代发散和保持汽液界面温度在饱和温度附近，取 $c_{\mathrm{l}} = c_{\mathrm{v}} = 100 \ \mathrm{s}^{-1}$。相变产生的能量输运通过蒸发和冷凝质量源项乘以该压力下汽化潜热得到，即：

$$S_q = h_{\mathrm{lv}}S_{\mathrm{m}} \tag{4-80}$$

（2）数值计算结果

在模拟的过程中，需要在汽泡上设置较多的网格数量，才能使得汽泡界面清晰。这种汽泡界面模拟对计算机硬件能力提出了极高的要求。采用二维方法进行模拟，计算区域为 2 mm×10 mm，瞬态计算，时间步长小于 1×10^{-5}，因此，模拟汽泡生长和运动过程需要较长的时间。

图 4.51 为静止条件下汽泡运动模拟结果，表明本研究的数值计算模拟能较好模拟汽泡运动行为。图 4.52 为起伏条件下多汽泡运动模拟结果。从图中可以看出，满足温度判断条件后，加热面沿轴向长度方向上产生很多核化点。汽泡核化产生后，核化点处汽泡逐渐长大，并且在核化点处发生聚合，汽泡聚合易发生浮升现象，特别对于一些尺寸较大的汽泡。汽泡之间发生聚合现象，大汽泡聚合小汽泡，之后沿加热面滑移。在起伏条件下，汽泡初始阶段在流道内向上运动，随着起伏加速度的变化，汽泡向上运动速度逐步减小，最终汽泡出现向下运动，在流道内汽泡出现回流现象，这样起伏条件下的可视化实验观察结果是一致的，同时也说明了瞬变外力场环境多汽泡数值模型能够很好地预测汽泡的运动形态。

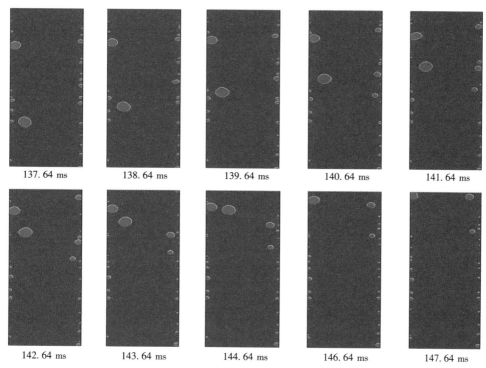

$q = 300 \ \mathrm{kW/m^2}$, $u = 0.5 \ \mathrm{m/s}$, $\Delta T_{\mathrm{in}} = 20 \ \mathrm{K}$

图 4.51 竖直条件下汽泡动力特性

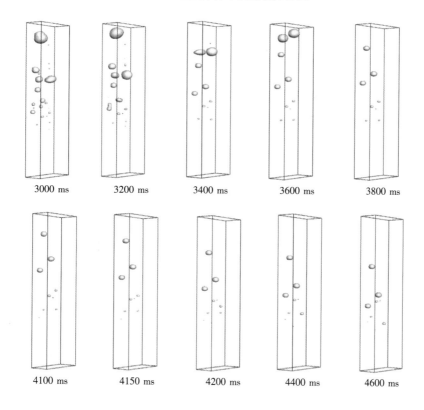

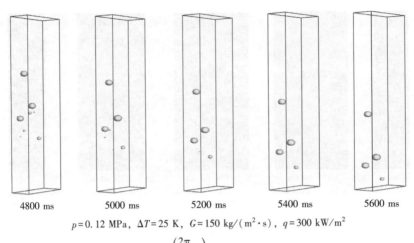

4800 ms　　　　5000 ms　　　　5200 ms　　　　5400 ms　　　　5600 ms

$$p = 0.12 \text{ MPa}, \quad \Delta T = 25 \text{ K}, \quad G = 150 \text{ kg/(m}^2 \cdot \text{s)}, \quad q = 300 \text{ kW/m}^2$$

$$A(t) = A_\text{m} \sin\left(\frac{2\pi}{T} \cdot t\right), \quad A_\text{m} = 0.2 \text{ m}, \quad t = 3.3 \text{ s}$$

图 4.52　起伏条件下汽泡群回流现象

　　图 4.53 进一步给出了相同时刻，摇摆和不摇摆工况下汽泡形态对比。从图中可以看出，摇摆产生的附加惯性力对汽泡形态没有明显影响，但摇摆运动容易使得通道内汽泡之间发生聚合现象，形成大的汽泡，最终造成汽相分布有较大差异。

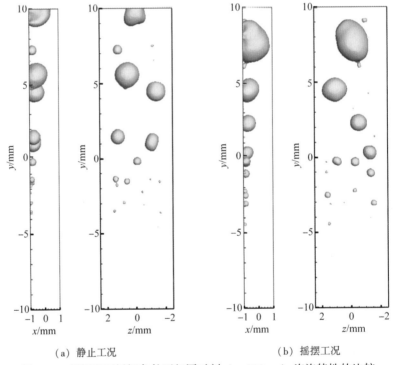

（a）静止工况　　　　　　　　　　　　（b）摇摆工况

图 4.53　摇摆和不摇摆条件下相同时刻（$t = 204$ ms）汽泡特性的比较

　　基于上述分析可知，在单汽泡及汽泡数量较少时，汽泡运动特性受典型外力场影响较小，但随着汽泡数量增多，汽泡群质量增加，所受的附加力开始增加，为了进一步阐述典型外力场对多汽泡的影响，下面主要分析典型外力场对泰勒（Taylor）汽泡的影响。

图 4.54 中可以明显看出，摇摆条件下，汽泡形状会向左侧壁面倾斜，最大摇摆角度越大倾斜越厉害，同时 Taylor 汽泡变形越大，尾部汽泡的破裂也越多。分析原因可知，由于摇摆作用下，汽泡除了受到在无摇摆条件下的作用力以外，还要受到向心惯性力和切向惯性力的作用，而这些力的作用合力将产生发生大变形的横向作用力，这就必然导致汽泡头部偏离中心线，由于摇摆作用只是在前四分之一个周期，对横向作用力的作用效果将随着摇摆角度的增大而增强，最大摇摆角度越大，表明所施加的横向惯性力也越大，则汽泡偏离中心轴越远，形状变化越不规则，尾部越容易出现破裂小汽泡。

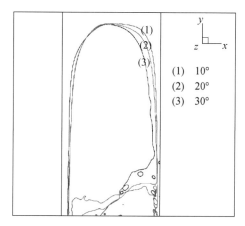

图 4.54　最大摇摆角度 $\theta_m = 10°$、$20°$、$30°$ 时同位置处 Taylor 汽泡形状对比图

从图 4.55 可以看出摇摆条件下，汽泡所受的壁面切应力和垂直条件下类似，但是和垂直相比，壁面切应力要显得小。随着摇摆角度的增大，壁面切应力也是减小的。这是由于在摇摆条件下，系统所受合力沿流道方向向下的，导致流体的减速，而液体相对于汽泡来说由于密度大，速度减速较慢，这样气液相对速度减小，形成液膜速度减小，壁面切应力也就减小了，而且随着摇摆角度的增大，这种合力越大，壁面切应力越小。

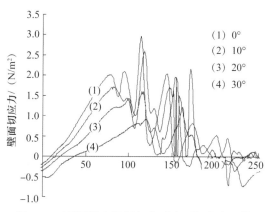

图 4.55　不同最大摇摆角度下壁面切应力比较

4.6 参考文献

［1］ Zeitoun O, Shoukri M. Bubble Behavior and Mean Diameter in Subcooled Flow Boiling［J］. Journal of Heat Transfer, 1996, 118(1)：110-116.

［2］ Thorncroft G E, Klausner J F. Bubble forces and detachment models［J］. Multiphase Science and Technology, 2001, 13(3-4)：42.

［3］ Basu N, Warrier G R, Dhir V K. Wall Heat Flux Partitioning During Subcooled Flow Boiling at Low Pressures［C］//Heat Transfer：Volume 2. Las Vegas, Nevada, USA：ASMEDC, 2003：309-316.

［4］ Lie Y M, Lin T F. Subcooled flow boiling heat transfer and associated bubble characteristics of R-134a in a narrow annular duct［J］. International Journal of Heat and Mass Transfer, 2006, 49(13-14)：2077-2089.

［5］ Hsu Y Y. A visual study of two-phase flow in a vertical tube with heat addition［M］. National Aeronautics and Space Administration, 1963.

［6］ 郝老迷. 沸腾传热和气液两相流动［M］. 哈尔滨：哈尔滨工程大学出版社, 2016.

［7］ Sato T, Matsumura H. On the conditions of incipient subcooled-boiling with forced convection［J］. Bulletin of JSME, 1964, 7(26)：392-398.

［8］ Bergles A E, Rohsenow W M. The determination of forced-convection surface-boiling heat transfer［J］. Journal of Heat Transfer, 1964, 86(3)：365-372.

［9］ Kandlikar S G. A general correlation for saturated two-phase flow boiling heat transfer inside horizontal and vertical tubes ［J］. Journal of Heat Transfer, 1990, 112(1)：219-228.

［10］ Hapke I, Boye H, Schmidt J. Onset of nucleate boiling in minichannels［J］. International Journal of Thermal Sciences, 2000, 39(4)：505-513.

［11］ Martín-Callizo C, Palm B, Owhaib W. Subcooled flow boiling of R-134a in vertical channels of small diameter［J］. International Journal of Multiphase Flow, 2007, 33(8)：822-832.

［12］ Li J, Peterson G P. 3-Dimensional numerical optimization of silicon-based high performance parallel microchannel heat sink with liquid flow［J］. International Journal of Heat and Mass Transfer, 2007, 50(15-16)：2895-2904.

［13］ Klausner J F, Mei R, Bernhard D M, et al. Vapor bubble departure in forced convection boiling［J］. International journal of heat and mass transfer, 1993, 36(3)：651-662.

［14］ Zeng L Z, Klausner J F, Mei R. A unified model for the prediction of bubble detachment diameters in boiling systems—I. Pool boiling［J］. International Journal of Heat and Mass Transfer, 1993, 36(9)：2261-2270.

［15］ Zeng L Z, Klausner J F, Bernhard D M, et al. A unified model for the prediction of bubble detachment diameters in boiling systems—II. Flow boiling［J］. International journal of heat and mass transfer, 1993, 36(9)：2271-2279.

[16] Delnoij E, Kuipers J A M, van Swaaij W P M. Dynamic simulation of gas-liquid two-phase flow：effect of column aspect ratio on the flow structure［J］. Chemical engineering science，1997，52(21-22)：3759-3772.

[17] Van Helden W G J, Van Der Geld C W M, Boot P G M. Forces on bubbles growing and detaching in flow along a vertical wall［J］. International journal of heat and mass transfer，1995，38(11)：2075-2088.

[18] 潘良明, 陈德奇, 袁德文, 等. 竖直加热壁面上汽泡脱离及浮升直径预测模型［J］. 化工学报，2007，58(2)：347-352.

[19] 潘良明, 辛明道, 何川, 等. 矩形窄通道内流动过冷沸腾起始点的实验研究［J］. 重庆大学学报(自然科学版)，2002，25(8)：51-54.

第 5 章
瞬变外力场两相流动及
传热特性

海洋动力装备运行过程中多存在两相流动传热现象，在热结构静止条件和瞬变外力场条件下的两相流动传热特性存在一定差异，本章介绍了在实验本体静止条件和瞬变外力场条件下两相流动阻力、传热特性，并给出了瞬变外力场条件下相关本构关系式的修正。

5.1　两相流动阻力特性

本节通过实验数据和理论分析了两相流动阻力特性，实验数据参数范围：质量流速 $500\sim2000\ \mathrm{kg/(m^2\cdot s)}$，实验压力 $10\sim20\ \mathrm{MPa}$，实验段最大出口含汽率 0.5。两相流动阻力特性实验研究了 x 轴倾斜以及不同摇摆角度、周期、角加速度的运动工况对实验本体内冷却剂流动阻力特性的影响，其中实验本体流道结构如图 5.1 所示，实验本体流道横截面长度等效长度为 L，宽度为 d，流动方向长度为 H，其中横截面等效长度通过加热截面等效为长方形求得，本书两相流动和传热特性实验本体流道结构均如图 5.1 所示，其中 L 为 42 mm，d 为 2 mm，长度 H 为 600 mm。

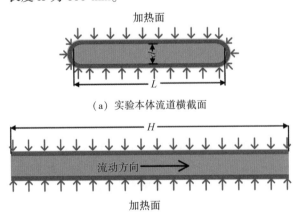

（a）实验本体流道横截面

（b）实验本体流道窄边剖面

图 5.1　瞬变外力场两相流动传热实验本体流道结构

5.1.1　静止条件流动阻力特性

通过分析矩形通道内流动特性的特点以及热工参数对流动特性的影响，将实验结果与经典公式及矩形通道公式预测值进行比较，在实验数据的基础上得到了静止条件下两相流动阻力计算关系式。

（1）热工参数对两相流动特性的影响

系统压力、质量流速以及含汽率对摩擦阻力的影响如图 5.2 和图 5.3 所示。相同含汽率工况下摩擦阻力随系统压力的增大而减小，随质量流速的增加而增大，同时摩擦阻力随含汽率的增加而增大。研究结果表明在研究参数范围的矩形通道内热工参数对摩擦阻力的影响与圆管内的影响趋势相同，此结果与 Tran 等人[1]对矩形通道内的摩擦阻力的研究结果相同。

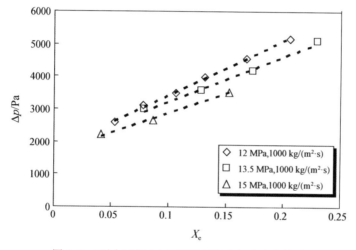

图 5.2　不同系统压力工况摩擦阻力与含汽率关系

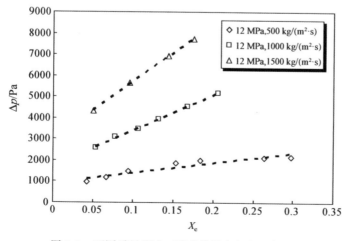

图 5.3　不同质量流速工况摩擦阻力与含汽率关系

（2）静止条件下两相流动阻力计算关系式

两相流动特性的研究中，在洛克哈特和马蒂内里提出马蒂内里参数[2]以及两相摩擦倍增因子后，大部分两相流动特性模型均基于 Chisholm[2] 的 B 系数或 C 系数模型的形式，获得两相摩擦倍增因子，进而得到两相摩擦阻力的计算模型。

随后的研究者在对矩形通道，特别是小 α^* 矩形通道两相摩擦阻力研究过程中引入限制数：

$$N_{\text{conf}} = \frac{1}{D_e}\sqrt{\frac{\sigma}{g(\rho_1 - \rho_g)}} \tag{5-1}$$

该定义式包括两部分，即当量直径以及表面张力与浮力之比，表面张力越大，当量直径越小，N_{conf} 数就越大，对汽泡生长的限制越明显，可以较好地反映小通道对汽泡生长的限制。

因此，采用 Chisholm-B 系数方法为基本形式，对实验数据进行拟合，可以获得矩形通道内两相摩擦阻力 $\overline{\Delta P_{\text{F,静}}}$ 计算式如下：

$$\overline{\Delta P_{\text{F,静}}} = \Delta P_S \times \Phi_{\text{lo}}^2 \tag{5-2}$$

其中，ΔP_S 由式（5-3）计算：

$$\Delta P_S = f_s G^2 \Delta l/(2D_e\rho_s) \tag{5-3}$$

$$f_s = 0.316 \times (GDE/\mu_s)^{-0.25} \tag{5-4}$$

$$\Phi_{\text{lo}}^2 = 1 + (\Gamma^2 - 1)[BN_{\text{conf}}x^{0.875}(1 - x^{0.875}) + x^{1.75}] \tag{5-5}$$

$$\Gamma^2 = \left(\frac{\mu_g}{\mu_1}\right)^{0.2}\frac{\rho_1}{\rho_g} \tag{5-6}$$

$$B = 168.461 \times G^{-0.39} \tag{5-7}$$

拟合获得的关系式计算值与实验数据对比如图 5.4 所示，从图中可以看出，93 组实验数据的预测偏差全部在 ±19% 以内。

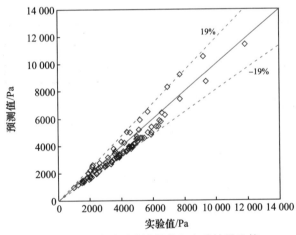

图 5.4　拟合关系式计算值与实验结果比较

（3）与现有公式预测结果的比较

通道内两相摩擦阻力的预测主要采用两相摩擦倍增因子的方法，而两相摩擦倍增因子的获得方法主要有经典的洛克哈特–马蒂内里方法（Chisholm 的 C 系数方法）和 Chisholm 的 B 系数方法等，研究者多采用以上两种方法针对不同的研究对象和工况，进行适当修改，一般能够获得比较理想的预测结果。

如图 5.5 所示比较了 Chisholm 的 B 系数方法、C 系数方法、Friedel[2] 方法计算值与实验结果。结果表明，经典公式的预测结果与实验值存在或多或少的偏差，其中 Chisholm 的 C 系数方法中的常数 C 为 20 的情况下预测结果与实验数据偏差很大，图上的 C 系数方法将常数 C 改为 7，预测结果的准确性有明显提高。

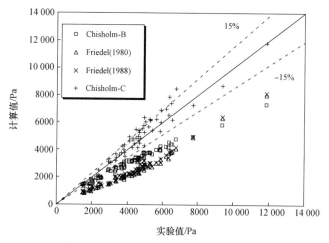

图 5.5　经典公式计算值与实验结果比较

对矩形通道内摩擦阻力的研究，有研究者采用空气–水、有机冷却剂等获得了多种预测方法，在两相摩擦倍增因子的预测中考虑了质量流速、窄缝宽度（或当量直径）的影响，如 Mishima 和 Hibiki[3] 在 1993 年的研究结果考虑了窄缝宽度的影响，提出了以下 C 系数的计算方法：

$$C = 21 \times [1 - \exp(-0.27s)] \tag{5-8}$$

Tran 公式[1] 中考虑了 N_{conf} 数，提出了修改后的 B 系数方法：

$$\Delta p_{\text{f}} = \Delta p_{\text{Lo}} \{1 + (4.3\Gamma^2 - 1)[N_{\text{conf}} x^{0.875}(1-x)^{0.875} + x^{1.75}]\} \tag{5-9}$$

$$\Gamma^2 = \frac{\mathrm{d}p_{\text{go}}/\mathrm{d}z}{\mathrm{d}p_{\text{lo}}/\mathrm{d}z} \tag{5-10}$$

$$N_{\text{conf}} = \frac{1}{D_{\text{h}}} \sqrt{\frac{4\sigma}{g(\rho_1 - \rho_{\text{v}})}} \tag{5-11}$$

比较经典关系式和矩形通道关系式对实验结果的预测，可以看出矩形通道关系式对实验结果的预测较为准确，特别是 Tran 关系式（见图 5.6 和图 5.7）。

从图 5.7 可以看出基于 Chisholm-B 系数方法拟合的关系式对实验数据预测有较好的准确性，同已有公式相比预测精度明显提高。

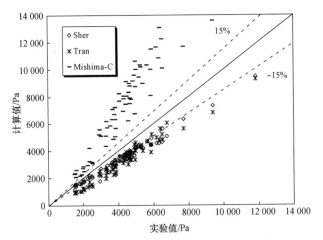

图 5.6 矩形通道公式计算值与实验结果比较

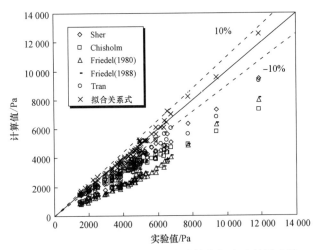

图 5.7 拟合关系式及现有公式计算值与实验结果比较

5.1.2 倾斜条件下流动阻力特性

实验本体倾斜条件对两相流动阻力的影响结果如图 5.8 ~ 图 5.10 所示。相同热工水力参数条件下，倾斜角度对两相流动阻力的影响如图 5.8 所示。从图上可以看出，倾斜 10° 条件下两相流动阻力降低约 1.1%（25 Pa），两相摩擦阻力降低约 0.8%（8 Pa）；倾斜 30° 条件下两相流动阻力降低约 9.3%（210 Pa），两相摩擦阻力降低约 4.3%（42 Pa）。这说明，随着倾斜角度的增大，倾斜条件的影响随之增大。

相同倾斜角度下，质量流速对两相流动阻力的影响如图 5.9 所示。从图上可以看出，质量流速约为 1027 kg/(m²·s) 时，两相流动阻力降低约 9.3%（210 Pa），两相摩擦阻力降低约 4.3%（42 Pa）；质量流速约为 2512 kg/(m²·s) 时，两相流动阻力降低约 3.66%（224 Pa），两相摩擦阻力降低约 1.34%（65 Pa）。该结果表明随着质量流速增大，倾斜条件的影响相对减弱。

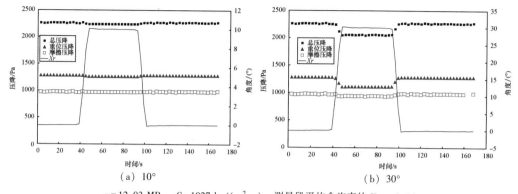

（a）10°　　　　　　　　　　　（b）30°

$p = 12.03$ MPa，$G = 1027$ kg/（m²·s），测量段平均含汽率约 $X_e = -0.16$

图 5.8　倾斜角度对两相流动阻力和摩擦阻力特性的影响

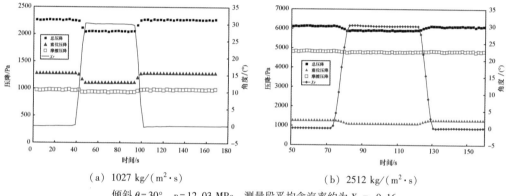

（a）1027 kg/（m²·s）　　　　　　（b）2512 kg/（m²·s）

倾斜 $\theta = 30°$，$p = 12.03$ MPa，测量段平均含汽率约为 $X_e = -0.16$

图 5.9　倾斜条件下质量流速的影响

相同倾斜角度下，压力对两相流动阻力的影响如图 5.10 所示。从图上可以看出，压力为 12.03 MPa 时，两相流动阻力降低约 9.3%（210 Pa），两相摩擦阻力降低约 4.3%（42 Pa）；压力为 13.58 MPa 时，两相流动阻力降低约 8.47%（198 Pa），两相摩擦阻力降低约 4.04%（45 Pa）。该结果表明，随着压力的增大，倾斜条件的影响近乎不变。

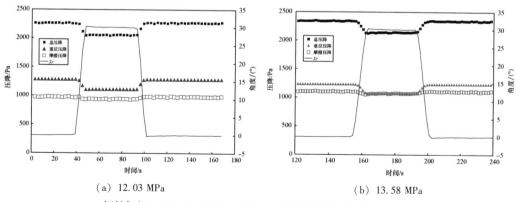

（a）12.03 MPa　　　　　　　　（b）13.58 MPa

倾斜角度 $\theta = 30°$，$G = 1027$ kg/（m²·s），测量段平均含汽率 $X_e = -0.16$

图 5.10　倾斜条件下压力的影响

相同倾斜角度下，含汽率对两相流动阻力的影响如图 5.11 所示。从图上可以看出，测量段平均含汽率约为 -0.16 时，两相流动阻力降低约 3.66%（224 Pa），两相摩擦阻力降低约 1.34%（65 Pa）；测量段平均含汽率约为 -0.06 时，倾斜 30° 条件下两相流动阻力降低约 2.79%（245 Pa），两相摩擦阻力降低约 0.87%（54 Pa）。该结果表明，随着含汽率的增大，倾斜条件对摩擦阻力的影响相对减弱。

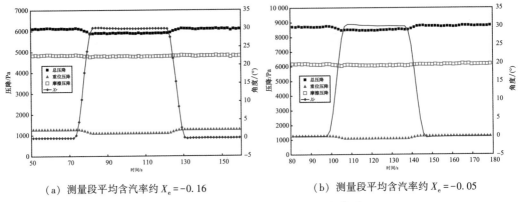

（a）测量段平均含汽率约 $X_e = -0.16$ （b）测量段平均含汽率约 $X_e = -0.05$

倾斜 $\theta = 30°$　$p = 12$ MPa　$G = 2517$ kg/（m²·s）

图 5.11　倾斜条件下含汽率的影响

通过分析可知，出现上述实验结果的主要原因如下。

（1）过冷沸腾条件下，流道内汽相主要以汽泡形式存在，倾斜使得汽泡受浮力影响而较为集中于流道一侧，使得汽液两相接触面积减小，从而使得汽液两相相间作用减小，因此实验段倾斜条件下的两相摩擦阻力会降低。

（2）质量流速增大的条件下，不会影响汽泡受浮力影响集中于流道一侧，因此相同倾斜角度引起的两相摩擦阻力降低绝对值也相同，但是质量流速的增加导致两相摩擦阻力增大，所以随着质量流速增大，倾斜条件影响会相对减弱。

（3）在过冷沸腾条件下，压力小幅变化不会影响汽泡集中，对两相摩擦阻力的影响也很微弱，因此随着压力的增大，倾斜对两相摩擦阻力的影响近乎不变。

（4）在过冷沸腾条件下，含汽率增大会导致两相摩擦阻力急剧增大，倾斜条件下两相摩擦阻力降低绝对值也在增大，但摩擦阻力降低的百分比逐渐减小。

5.1.3　摇摆条件下流动阻力特性

（1）摇摆幅值的影响

相同热工参数条件下，摇摆幅值对过冷两相流动阻力和摩擦阻力的影响如图 5.12 所示。从图上可以看出，摇摆幅值为 10°、20°、30° 时，两相流动阻力波动幅值分别为 1.05%、2.65%、5.38%，表明在热工参数和摇摆周期保持不变的条件下，摇摆幅值越大，摇摆运动对两相流动阻力的影响越大。摇摆幅值为 10°、20°、30° 时，两相摩擦阻力波动幅值分别为 1.94%、3.55%、5.32%，表明在热工参数和摇摆周期保持不变的条件下，摇摆幅值越大，摇摆运动对两相摩擦阻力的影响越大。

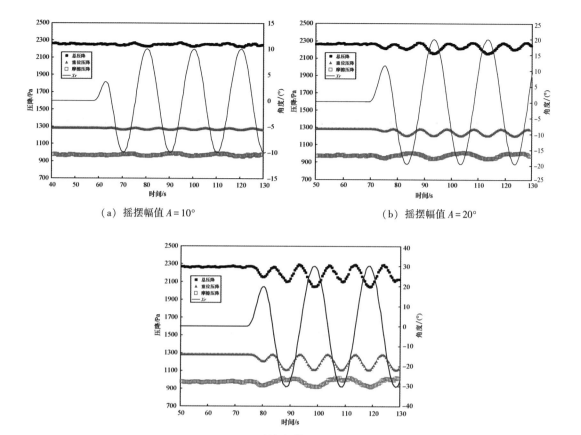

(a) 摇摆幅值 $A = 10°$ (b) 摇摆幅值 $A = 20°$

(c) 摇摆幅值 $A = 30°$

$p = 12$ MPa，$G = 1027$ kg/(m² · s)，测量段平均含汽率约 $X_e = -0.15$，摇摆周期 $T = 20$ s

图 5.12 摇摆角度对过冷两相流动阻力和摩擦阻力特性的影响

通过分析认为，摇摆使得矩形通道内汽相受附加外力、浮力等的影响，从而改变原有相态空间分布，影响汽液相间、相壁摩擦作用，最终造成两相摩擦阻力变化。摇摆运动同时会引入切向附加外力、向心附加外力以及随摇摆角度变化的重力，因而两相流动阻力也会随之变化。因此，在相同热工参数条件和摇摆周期条件下，摇摆幅值越大，流体所受附加外力和浮力变化越大，切向附加外力、向心附加外力以及随摇摆角度变化的重力也会随之增大，因此两相流动阻力和两相摩擦阻力的变化也就越大。

摇摆幅值对饱和两相流动阻力和摩擦阻力的影响如图 5.13 所示。从图上可以看出，摇摆幅值为 10°、20°、30° 时，两相流动阻力波动幅值分别为 1.15%、1.66%、2.42%。这表明在饱和沸腾条件及热工参数和摇摆周期保持不变的条件下，摇摆幅值越大，摇摆运动对两相流动阻力的影响越大。两相摩擦阻力波动幅值分别为 1.94%、2.54%、2.68%。这表明在饱和沸腾条件及热工参数和摇摆周期保持不变的条件下，摇摆幅值越大，摇摆运动对两相摩擦阻力的影响越大。

（2）摇摆周期的影响

摇摆周期对过冷两相流动阻力和摩擦阻力的影响如图 5.14 和图 5.15 所示。从图 5.14 中可以看出，摇摆周期为 3.13 s 和 20 s 时，两相流动阻力波动幅值分别为 3.07%、1.05%。

两相摩擦阻力波动幅值分别为 9.01%、1.94%。从图 5.15 中可以看出，摇摆周期为 10.2 s 和 20 s 时，两相流动阻力波动幅值分别为 6.71%、5.38%。两相摩擦阻力波动幅值分别为 9.97%、5.32%。这些结果表明，在过冷沸腾条件下，在热工参数和摇摆幅值保持不变的条件下，摇摆周期越大，摇摆运动对过冷两相流动阻力和两相摩擦阻力的影响越小。

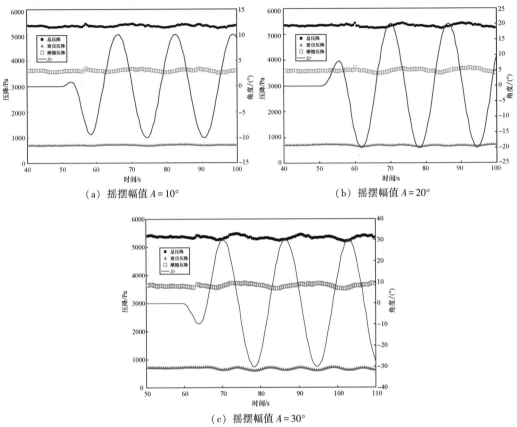

（a）摇摆幅值 $A=10°$　　　　　　　（b）摇摆幅值 $A=20°$

（c）摇摆幅值 $A=30°$

$p=15.1$ MPa，$G=1047$ kg/(m²·s)，测量段平均含汽率约为 $X_e=0.17$，摇摆周期 $T=16.39$ s

图 5.13　摇摆角度对饱和两相流动阻力和摩擦阻力特性的影响

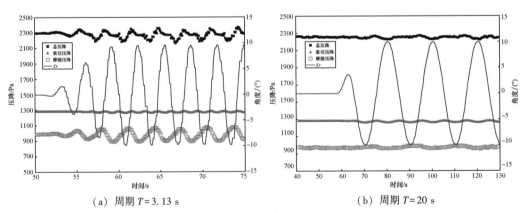

（a）周期 $T=3.13$ s　　　　　　　　（b）周期 $T=20$ s

$p=12$ MPa，$G=1027$ kg/(m²·s)，测量段平均含汽率约为 $X_e=-0.15$

图 5.14　摇摆角度 10°时，摇摆周期对过冷两相流动的影响

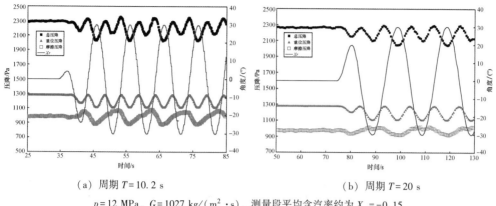

（a）周期 $T = 10.2$ s　　　　　　　　　　（b）周期 $T = 20$ s

$p = 12$ MPa，$G = 1027$ kg/(m² · s)，测量段平均含汽率约为 $X_e = -0.15$

图 5.15　摇摆角度 30°时，摇摆周期对过冷两相流动的影响

摇摆周期对饱和两相流动阻力和摩擦阻力的影响如图 5.16 所示。从图上可以看出，摇摆周期为 3.13 s、8 s 和 16.39 s 时，两相流动阻力波动幅值分别为 2.05%、1.45%、1.15%，两相摩擦阻力波动幅值分别为 2.24%、2.00%、1.94%。这些结果表明，在饱和沸腾状态下，在热工参数和摇摆幅值保持不变的条件下，摇摆周期越大，摇摆运动对饱和两相流动阻力和两相摩擦阻力的影响越小。

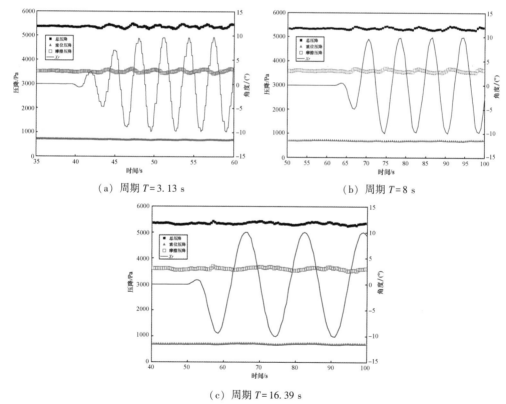

（a）周期 $T = 3.13$ s　　　　　　　　　　（b）周期 $T = 8$ s

（c）周期 $T = 16.39$ s

$p = 15.1$ MPa，$G = 1047$ kg/(m² · s)，测量段平均含汽率约为 $X_e = 0.17$，摇摆幅值 $A = 10°$

图 5.16　摇摆周期对两相流动的影响

通过分析认为，当摇摆幅值不变时，随着摇摆周期变大，摇摆运动产生的切向附加力和向心附加力均会变小。因此，摇摆周期越大，流体所受附加外力越小，两相摩擦阻力变化也就越小。而摇摆幅值不变，两相重位压降波动值大小不变，因此随着摇摆周期变大，两相流动阻力变化也就越小。

（3）最大摇摆角加速度的影响

最大摇摆角加速度对两相摩擦阻力压降的影响如图 5.17 所示。从图上可以发现，最大摇摆角加速度分别为 0.051 rad/s²、0.108 rad/s²、0.199 rad/s²、0.701 rad/s² 时，摩擦阻力压降依次为 3.20%、3.25%、7.59%、7.67%。

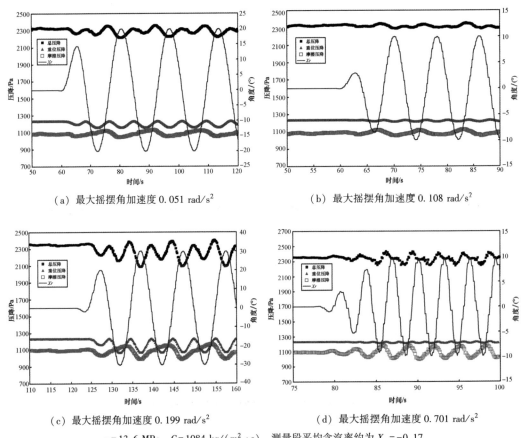

（a）最大摇摆角加速度 0.051 rad/s²　　　　（b）最大摇摆角加速度 0.108 rad/s²

（c）最大摇摆角加速度 0.199 rad/s²　　　　（d）最大摇摆角加速度 0.701 rad/s²

$p = 13.6$ MPa，$G = 1084$ kg/(m²·s)，测量段平均含汽率约为 $X_e = -0.17$

图 5.17　最大摇摆角加速度对过冷两相流动的影响

在过冷条件下，两相摩擦阻力波动随最大摇摆角加速度的变化趋势如图 5.18 所示，从图中可以发现，摇摆运动引起过冷条件下两相摩擦阻力相对波动幅值不是最大摇摆角加速度的单调函数。

在饱和条件下，两相摩擦阻力波动随最大摇摆角加速度的变化趋势如图 5.19 所示，从图中可以发现，饱和沸腾条件下摇摆运动引起两相摩擦阻力压降变化相对值也不是最大摇摆角加速度的单调函数。

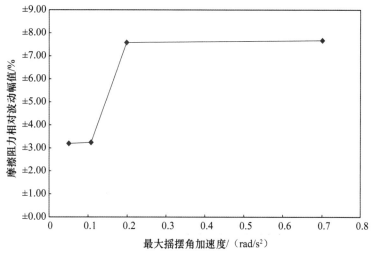

图 5.18 最大角加速度对过冷两相摩擦阻力特性的影响

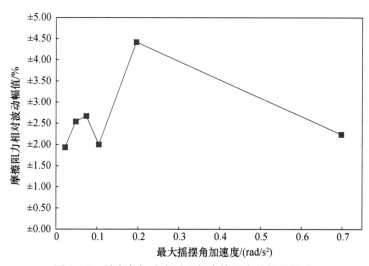

图 5.19 最大角加速度对两相摩擦阻力特性的影响

5.2 两相沸腾传热特性

本节通过实验数据和理论分析了两相沸腾传热特性，实验数据参数范围：质量流速 $500\sim2000\,\mathrm{kg/(m^2\cdot s)}$，实验压力 $10\sim20\,\mathrm{MPa}$，实验段最大出口含汽率 0.5。两相沸腾传热特性实验研究了 x 轴倾斜以及不同摇摆角度、周期、角加速度的运动工况对两相沸腾传热特性的影响，其中实验本体流道结构同 5.1 节。

5.2.1 静止条件沸腾传热特性

实验本体在静止条件下，对比不同压力、质量流速、含汽率参数下的实验数据与经典公式预测值，通过数据拟合建立静止条件下沸腾传热特性计算关系式。

（1）热工参数对传热特性的影响

系统压力、质量流速以及含汽率对饱和沸腾换热系数的影响如图 5.20 和图 5.21 所示。相同含汽率工况下换热系数随质量流速的增加明显增大，随系统压力的增大而增大，含汽率对换热系数也有明显的影响，换热系数随含汽率的增加而增大。研究结果表明在研究参数范围的矩形通道内热工参数对饱和沸腾换热系数的影响与圆管内的影响趋势相同，此结果与 Ishibashi 和 Nishikawa 等人[4]对矩形通道内的饱和沸腾换热的研究结果相同。

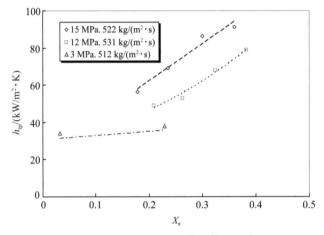

图 5.20　系统压力对换热系数的影响

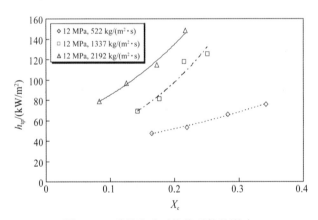

图 5.21　质量流速对换热系数的影响

（2）静止条件下饱和沸腾计算关系式

在矩形通道饱和沸腾换热的研究中，各研究者普遍采用无量纲数组合成的计算关系式预测换热系数，常用的无量纲数包括 Re、Bo、We，以及两相密度比、质量含汽率或热平衡含气率等无量纲热工参数。Lazarek 和 Black 研究了内径 3.15 mm 管内饱和沸腾传热现象，结果认为换热系数与热流密度有密切关系，而质量含汽率的影响可以忽略不计，获得了关系式：

$$h_{TP} = 30 Re_{Lo}^{0.857} Bo^{0.714} \frac{k_1}{D_e} \tag{5-12}$$

Kew 和 Cornwell 的研究发现换热系数随着质量含汽率的增加有明显的增大，这与当前的研究结果相同。在式（5-12）的基础上引入了质量含汽率的影响，得出预测关系式：

$$h_{TP} = 30 Re_{Lo}^{0.857} Bo^{0.714} (1-x)^{-0.143} \frac{k_1}{D_e} \tag{5-13}$$

由于流动沸腾过程的复杂性，目前没有在较宽范围内预测矩形通道换热能力的计算关系式。根据以上影响因素分析，及综合现有研究的结果，考虑压力、质量流速、质量含汽率、热流密度、当量直径等参数对于矩形通道内饱和沸腾换热的影响，获得两相沸腾传热计算关系式如下：

$$h = a_1 Re_{lo}^{a_2} Bo^{a_3} (1-x)^{a_4} \left(\frac{\rho_g}{\rho_1} \right)^{a_5} \frac{k_f}{D_e} \tag{5-14}$$

式中：Re_{lo}——全液相 Re，$Re_{lo} = \dfrac{GD_e}{\mu_1}$；

$Bo = \dfrac{q}{Gh_{fg}}$——沸腾数；

$\dfrac{\rho_g}{\rho_f}$——汽液相密度比；

k_f——液相导热系数，kW/（m·℃）；

D_e——通道当量直径；m；

a_1、a_2、a_3、a_4、a_5——待拟合系数。

采用两相沸腾传热特性实验数据对关系式中待拟合系数进行拟合。实验数据共 130 组，拟合获得的两相沸腾传热计算关系式如下，

$$h = 0.655 Re_{lo}^{0.558} Bo^{-0.312} (1-x)^{-0.994} \left(\frac{\rho_g}{\rho_1} \right)^{0.685} \frac{k_f}{D_e} \tag{5-15}$$

拟合获得的关系式计算值与实验数据对比如图 5.22 所示，从图中可以看出，约 92.3% 的数据预测偏差在 ±20% 以内。

（3）与现有公式预测结果的比较

实验数据与经典公式的比较如图 5.23 所示，可以看出大部分经典公式预测值相比实验值偏高，Chen[2] 公式比实验数据稍低，Shah[2] 公式与实验结果符合最好，Gungor-Winterton 公式和 Gungor-Winterton[2] 公式对实验结果的预测整体稍高，其中在低质量流速工况下后者的预测结果更为准确，而 Liu-Winterton[5] 公式对实验结果的预测明显偏高。其他研究者，如 Kew-Cornwell［式（5-13）］、Lazarek-Black［式（5-12）］等人的研究结果与实验结果偏差较大，预测结果总体偏高。

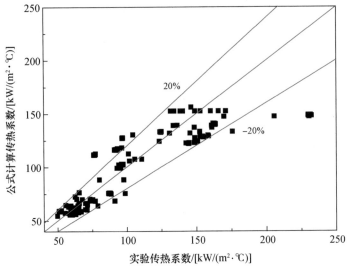

图 5.22　拟合关系式计算值与实验结果比较

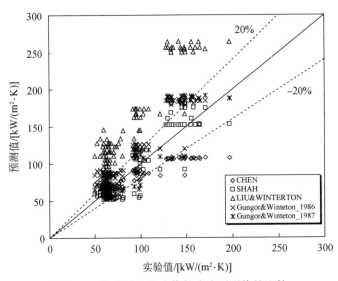

图 5.23　换热系数实验值与公式预测值的比较

5.2.2　倾斜条件下沸腾传热特性

实验本体倾斜条件对沸腾传热特性的影响如图 5.24 和图 5.25 所示。图 5.24 为矩形通道沿宽边（x 轴）倾斜 30° 前后，壁温的变化情况。图 5.25 为矩形通道沿宽边（y 轴）倾斜 20° 前后，壁温的变化情况。从图中可以看出以上两种工况下矩形通道倾斜前后，壁温没有明显变化。这表明，在现有实验工况条件下，倾斜条件对强迫循环矩形通道内两相沸腾传热影响不明显。

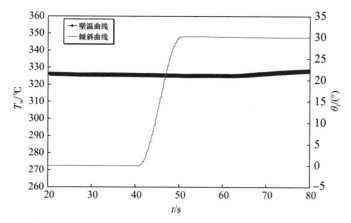

倾斜角度 x 轴 $\theta=30°$，$G=541\ \text{kg}/(\text{m}^2\cdot\text{s})$，出口含汽率 $X_e=-0.1$

图 5.24　倾斜对外壁温的影响

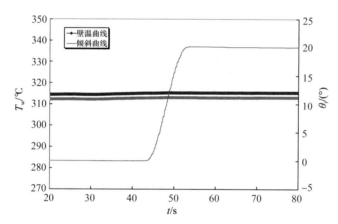

倾斜角度 y 轴 $\theta=20°$，质量流速 $G=541\ \text{kg}/(\text{m}^2\cdot\text{s})$，出口含汽率 $X_e=-0.1$

图 5.25　倾斜对外壁温的影响

5.2.3　摇摆条件下沸腾传热特性

（1）摇摆运动的实验现象

系统压力为 11.99 MPa、质量流速为 550 kg/(m²·s)、入口温度为 208 ℃、加热功率为 26 kW、摇摆角度为 10°、周期为 8 s 工况下，不同含气率条件下换热系数受摇摆运动的影响如图 5.26 所示。

系统压力为 12.2 MPa、质量流速为 520 kg/(m²·s)、入口温度为 213 ℃、加热功率为 45 kW、摇摆角度为 10°、周期为 8 s 工况下，不同含气率条件下换热系数受摇摆运动的影响如图 5.27 所示。

从图中可以看出，摇摆条件，两相换热系数会随着摇摆运动而呈现近似正弦波动，波动周期与运动周期相等。摇摆条件的两相换热系数时均值与静止条件下两相换热系数时均值相等。

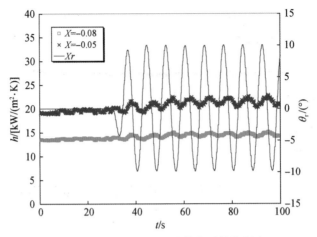

图 5.26　摇摆运动对过冷换热系数的影响

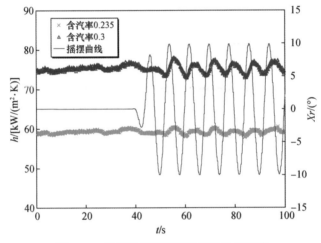

图 5.27　摇摆运动对饱和换热系数的影响

（2）摇摆幅值的影响

图 5.28 是压力 12 MPa、质量流速 550 kg/（m²·s）和 1430 kg/（m²·s）、摇摆周期 20 s 时，摇摆幅值对换热系数波动相对值的影响。

从图中可以看出，在相同热工参数条件和摇摆周期条件下，随着摇摆幅值的增大，摇摆运动对换热系数的影响也逐渐增大，随着含汽率的增加，摇摆运动对换热系数的影响也逐渐增大，随着质量流速的增加，摇摆运动对换热系数的影响不断降低。

通过分析认为摇摆使得通道内汽相受附加外力、浮力等的影响，从而改变原有的相态空间分布，最终造成两相换热系数的波动。因此，在相同热工参数条件和摇摆周期条件下，摇摆幅值越大，汽液相态空间分布改变越剧烈，因此两相换热系数变化也就越大。同样地，含汽率越高，相同运动参数条件导致的汽液相态空间分布改变越大，因此摇摆运动对换热系数的影响也越大。随着质量流速的增大，两相换热系数时均值会随之增大。在过冷沸腾区域，由于含汽率较低，两相换热系数时均值的增大会导致壁温降低，汽泡生长受到抑制，从而使得相同运动参数条件导致的汽液相态空间分布改变变小。因此，换热系数波动相对值就会随之降低，同时，随着质量流速的增加，摇摆运动对换热系数的影响不断降低。

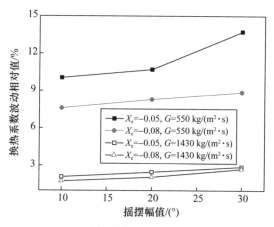

（a）摇摆周期 20 s，过冷工况

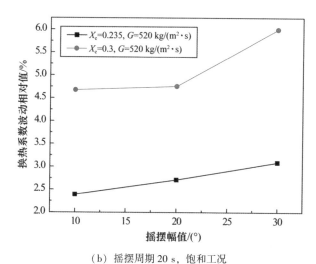

（b）摇摆周期 20 s，饱和工况

图 5.28　摇摆幅值对两相传热的影响

（3）摇摆周期的影响

图 5.29 是压力为 12 MPa、质量流速为 550 kg/（m²·s）和 1430 kg/（m²·s）、摇摆幅值为 10°时，摇摆周期对换热系数波动相对值的影响。

从图中可以看出，在相同热工参数条件和摇摆幅值条件下，随着摇摆周期的增大，摇摆运动对换热系数的影响也逐渐增大，随着含汽率的增加，摇摆运动对换热系数的影响也逐渐增大，随着质量流速的增加，摇摆运动对换热系数的影响不断降低。

当摇摆周期较小时，两相流动传热过程没有足够的响应时间进行充分发展，随着摇摆周期的增大，通道内两相流动传热过程发展得更为充分，因此相应的换热系数波动幅值也就随之增大。同时，随着摇摆周期的增大，摇摆运动对换热系数的影响也逐渐增大。当质量流速较低时，通道内两相流动换热过程发展得较为缓慢。因此，随着摇摆周期的变化，换热系数波动幅值变化较大，当质量流速较高时，通道内两相流动换热过程发展迅速，在实验最小摇摆周期条件下的一个摇摆周期内也可达到瞬时稳定状态，同时，当质量流速较高时，随着摇摆周期的增大，换热系数波动幅值变化较为缓慢。

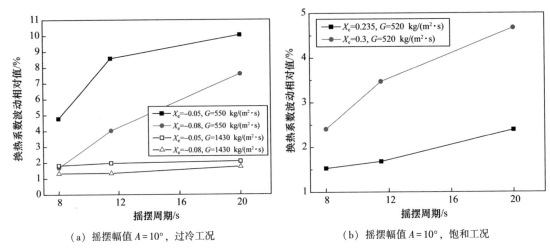

(a) 摇摆幅值 $A=10°$，过冷工况　　　　　(b) 摇摆幅值 $A=10°$，饱和工况

图 5.29　摇摆周期对两相传热的影响

　　随着含汽率越高，相同运动参数条件导致的汽液相态空间分布改变越大，因此摇摆运动对换热系数的影响也越大。随着质量流速的增大，两相换热系数时均值会随之增大，换热系数波动相对值就会随之降低，同时，随着质量流速的增加，摇摆运动对换热系数的影响不断降低。

（4）最大摇摆角加速度的影响

　　最大摇摆角加速度对两相传热系数的影响如图 5.30 所示。从图中可以发现，在过冷沸腾区域和饱和沸腾区域，随着最大摇摆角加速度的增大，两相传热系数波动值没有呈现单调变化的趋势。这说明，最大摇摆角加速度对两相传热系数的影响没有明显的规律性。

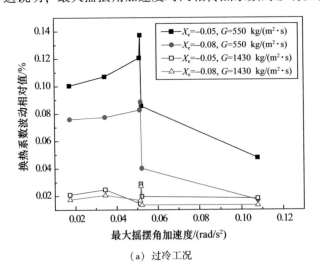

(a) 过冷工况

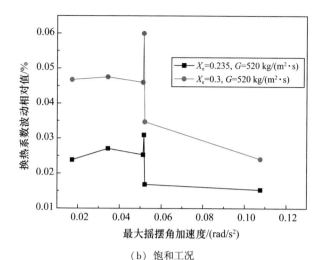

（b）饱和工况

图 5.30　最大摇摆角加速度对两相传热的影响

（5）摇摆条件下两相沸腾传热系数计算式

定义传热特性摇摆运动无量纲影响因子如下：

$$F_R = \left(\frac{h - h_{动}}{h}\right)_{max} \tag{5-16}$$

摇摆条件下瞬时两相沸腾传热系数计算式如下：

$$h_{动} = h\left[1 + F_R \sin\left(\frac{2\pi}{T}t\right)\right] \tag{5-17}$$

经过对不同摇摆运动工况下过冷沸腾和饱和沸腾换热系数波动幅度分析，获得过冷沸腾换热系数摇摆运动无量纲影响因子关系式如下：

$$F_{R,sub} = 11 Re_{lo}^{-0.732} \left(\frac{\Delta T_{sub}}{T_{sat}}\right)^{-0.42} \left(\frac{\beta_m}{\beta_{avg}}\right)^{-0.246} \tag{5-18}$$

饱和沸腾换热系数摇摆运动无量纲影响因子关系式如下：

$$F_{R,sat} = 3.42 \times 10^{-5} Re_{lo}^{0.483} (1-x)^{-5.295} \left(\frac{\beta_m}{\beta_{avg}}\right)^{-0.064} \tag{5-19}$$

式中：$F_{R,sub}$ 和 $F_{R,sat}$——过冷沸腾和饱和沸腾摇摆运动影响因子；

Re_{lo}——全液相 Re；

ΔT_{sub}——液相局部过冷度；

β_m——摇摆运动最大角加速度；

β_{avg}——摇摆运动平均角加速度。

5.3　参考文献

［1］Tran T N, Chyu M C, Wambsganss M W, et al. Two-phase pressure drop of refrigerants during flow boiling in small channels: an experimental investigation and correlation development［J］. International Journal of Multiphase Flow, 2000, 26(11): 1739-1754.

［2］郝老迷. 沸腾传热和气液两相流动［M］. 哈尔滨: 哈尔滨工程大学出版社, 2016.

［3］Mishima K, Hibiki T, Nishihara H. Some characteristics of gas-liquid flow in narrow rectangular ducts［J］. International Journal of Multiphase Flow, 1993, 19(1): 115-124.

［4］Ishibashi E, Nishikawa K. Saturated boiling heat transfer in narrow spaces［J］. International Journal of Heat and Mass Transfer, 1969, 12(8): 863-893.

［5］Liu Z, Winterton R H S. A general correlation for saturated and subcooled flow boiling in tubes and annuli, based on a nucleate pool boiling equation［J］. International journal of heat and mass transfer, 1991, 34(11): 2759-2766.

第 6 章
瞬变外力场两相流动
不稳定性

两相流动不稳定性是指在一个质量流密度、压降和空泡之间存在着耦合的两相系统中，当流体受到一个微小的扰动后所产生的流量漂移或者以某一个频率的恒定振幅或者变振幅进行的流量振动。两相流动不稳定性现象广泛存在于核反应堆、蒸汽发生器、热交换器、锅炉以及存在两相流动的石油、化工、制冷等多种工业设备中。

汽液两相流动不稳定性不仅在热源有变动的情况下发生，在热源保持恒定的情况下也会发生。对于任何气（汽）液两相流动设备来说，两相流动不稳定性会降低其运行性能，同时还会危及其安全运行。

（1）流量和压力振荡所引发的机械力会使部件遭受有害的强迫机械振动，而持续的机械振动会导致部件的疲劳损坏。

（2）流动振荡会使部件的局部热应力产生周期性的变化，从而导致部件的热疲劳破坏。

（3）流动振荡会使系统内的传热性能变差，极大地降低系统的传热能力。同时可能使沸腾危机提前出现，即系统的临界热流密度值大幅度降低。

（4）流动振荡会干扰控制系统，引起控制问题。对于液体冷却的反应堆，当冷却剂同时兼作慢化剂（例如冷却剂是水）时，流动振荡会引起反应堆特性的快速变化，还会引起核反应性变化耦合反馈效应。

因此，在核反应堆、蒸汽发生器以及其他存在两相流动的设备中一般不允许出现两相流动不稳定。

6.1 两相流动不稳定性的分类

两相流动不稳定性是恒振幅或者变振幅的流动振荡和零频率的流量漂移。如果某一个系统或组件中的流动是稳定的，从数学上严格地讲应该是稳定流动的特性参数仅仅是空间变量的函数，与时间变量无关。但是在实际过程中，这些参数往往总是存在微小的振动或者扰动。这些实际存在的微小变化可以认为是诱发各种两相流动不稳定性现象的可能原因。对于流动是稳定还是不稳定的区分基于下面的判别条件。

对某一流动工况施加一个瞬时小扰动，有下述情况。

（1）如果该偏离工况在进入新的运行工况后会逐渐恢复到初始工况，则认为这一工况是稳定的。

（2）如果该偏离工况在进入新的运行工况后无法回到原来的稳定状态，而是会逐渐稳定于另外某一个新的运行状态，则认为这一工况属于流量漂移（静态不稳定性的一种）。

（3）如果该偏离工况发生振荡发散，则认为是不稳定的；如果发生极限环振荡（等周期振荡），当振幅不超过一定小值（不同热力系统数值可以不同）时，可以认为这一工况是稳定的。当振幅超过一定小值时，则认为这一工况是不稳定的。

从描述流体流动系统物理状态的数学模型来讲，任何一个系统内部的流动动态行为可以用有关的物理规律（即基本守恒定律和描绘流体特性的结构律）和在边界上对系统施加各种作用的具有动态或稳态特性的边界条件来确定。人们一般重点研究各种参数效应，通常有四种边界条件：

（1）流体动力边界条件；

（2）压力边界条件；

（3）壁面处的热边界条件；

（4）系统入口处的热力边界条件。

上述任一种边界条件受到扰动，就会影响到运行参数及系统响应，可能会导致不同的不稳定性。

两相流动不稳定性大致可以分成两大类：

（1）静力学不稳定性；

（2）动力学不稳定性。Boure 和 Bergles[1] 提出了如表 6.1 所示的分类标准。

表 6.1　两相流动不稳定性分类

分类		表现形式	机理	特征
静力学不稳定性	纯静力学不稳定性	1. 流量漂移或 Ledinegg 不稳定性； 2. 沸腾危机	1. $\left.\dfrac{\partial \Delta P}{\partial G}\right\|_{int} \leqslant \left.\dfrac{\partial \Delta P}{\partial G}\right\|_{int}$； 2. 不能有效散热	1. 流量突然发生大幅度的漂移，达到一个新的稳定运行工况； 2. 壁温漂移以及流量振荡
	松弛型不稳定性	流型转换不稳定性	泡状流含汽量低，但是压降比环状流高	周期性流型转换和流量变化
	复合松弛型不稳定性	撞击、间歇、爆炸型不稳定性	周期性调整亚稳态条件，通常是由于缺少成核位置	周期性过热和剧烈蒸发伴随喷溅和再充满现象
动力学不稳定性	纯动力学不稳定性	声波振荡型	压力波共振	高频率（10～100 Hz），与系统中压力波传递有关
		密度波型	流量、密度和压力的延迟与反馈效应的共同作用	低频率（1 Hz），与连续波转换有关
	复合动力学不稳定性	热力学振荡型	不同的传热系数与流体动力学的相互作用	通常出现在膜态沸腾
		沸水堆不稳定性	流动和传热与空泡份额的相互作用	仅在短燃料时间和低压下发生
		并行流道中少量流道之间的相互影响	并行流道中少量流道之间的相互影响	流量的再分配不均
	第二类现象复合不稳定性	压力降振荡	流量漂移引起的流道同可压缩容积之间相互作用	极低的频率（0.1 Hz）

该分类表在后续的研究中被广泛采用，后人的工作一般是将其充实和细化。Fukuda[2]和 Kobori 通过对守恒方程线性化和拉普拉斯变换对水动力学不稳定性进行分析，提出两相流动不稳定性至少可以分为 8 类，其中 3 种可以归入 Ledinegg 不稳定性，其余的 5 种可以归入动力学或者密度波不稳定性，其结果得到了实验的支持；其中对于密度波不稳定性，根据发生区域平衡含汽量的高低又进一步分为第一类密度波不稳定性和第二类密度波不稳定性。许圣华[3]、苏光辉[4]等的实验和理论两方面均同上述分类符合得很好。林宗虎院士[5]将流量脉动分为传热恶化型脉动、流动转变型脉动、间歇性喷汽及汽爆、声波型脉动、密度波形脉动、热力型脉动和压力降型脉动 7 类，同 Bergles 不同之处在于其将传热恶化型脉动（沸腾危机）归于动力学不稳定性。郭烈锦院士[6]提出的分类同 Bergles 类似，在动力学不稳定性中复合动力学不稳定性中添加了凝结脉动，认为其机理是凝结界面与池式对流的相互作用，通常在蒸汽喷射到气体抑制池中时发生。国内很多学者还对一些特殊管型（U 形管、螺旋管等）的不稳定性进行了大量细致的研究，得到的各种不稳定性特征仍可以包含在表 6.1 中。目前对静力学不稳定性的分类一般比较简单，分歧较少。动力学不稳定性由于其机理的复杂性，表现形式的多样性，对于某一特定结构装置或者系统中出现的不稳定性现象在某些情况下很难精确地分类。一般认为动力学不稳定性的基本特征是具有惯性或其他反馈影响，系统表现为类似处于自动控制中，稳定判据和阈值法则均不满足。系统的稳定状态可能是方程组的一个解，但不是唯一解。对于某种不稳定性的研究，往往是先预测可能出现某种不稳定性，然后采用某一方法来分析，再对结果讨论是否符合开始判别的不稳定性类型。如果结果和预测的不符合，则要判断这个结果是否符合实际情况，或者初始的判断是错误的。这样的研究方法可能过于苛刻，但不稳定性的研究涉及系统安全，这样严格的步骤是必须的。

研究表明，一些重要的无因次数表述了系统的稳定性。Boure 与 Mikaila 采用无因次速度 V^* 和无因次焓 H^*。V^* 和 H^* 的定义如下：

$$V^* = \frac{V_{in}\rho_{in}H_0}{Lq} \tag{6-1}$$

$$H^* = \frac{\Delta H_{in}}{H_0} \tag{6-2}$$

式中：V_{in}——流体进口速度；
ρ_{in}——流体进口密度；
L——加热段长度；
q——加热功率；
H_0——参考焓。

$$\Delta H_{in} = H_f - H_{in} \tag{6-3}$$

式中：H_f——饱和焓；
H_{in}——进口焓。

Ishii 与 Zuber 采用过冷度数与相变数为坐标，这两个参数定义如下：
相变数：

$$N_{pch} = \frac{q v_{fg}}{W v_f H_{fg}} \qquad (6-4)$$

过冷度数:

$$N_{sub} = \frac{\Delta H_{in} v_{fg}}{H_{fg} v_f} \qquad (6-5)$$

式中: v_{fg}——汽液比体积差, $v_{fg} = v_g - v_f$;

H_{fg}——汽化潜热, $H_{fg} = H_g - H_f$;

W——质量流量, kg/s;

q——加热功率, kW。

Delmastro 考虑了自然循环的特点, 用弗劳德数 (Fr) 来表示重力的影响。弗劳德数的定义如下:

$$Fr = \frac{V^2}{gL} \qquad (6-6)$$

式中: g——重力加速度。

6.2 瞬变外力场多通道流动不稳定性

本章通过实验数据和理论模型分析了并联矩形通道间的流动不稳定性, 实验本体为并联的矩形通道, 流道结构如图 6.1 所示, 两个并联的矩形通道尺寸相同, 通道横截面尺寸为 $L \times d$, 其中本研究实验本体 L 为 42 mm, d 为 2 mm, 加热长度 H 为 600 mm。

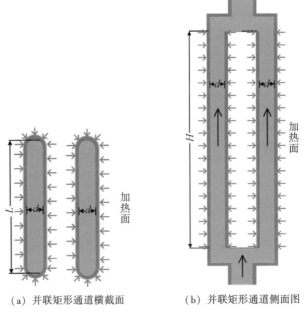

(a) 并联矩形通道横截面　　　　(b) 并联矩形通道侧面图

图 6.1　并联矩形通道结构图

6.2.1 静止条件下双通道流动不稳定空间

（1）流动不稳定边界

在相同压力，相近入口温度条件下，开展了质量流速 800 kg/（m²·s）和 1000 kg/（m²·s）时的矩形双通道间流动不稳定性实验，在此参数范围内流动不稳定先于临界热流密度发生，将实验数据按照无量纲相变数 N_{pch} 和无量纲过冷度数 N_{sub} 进行整理，如图 6.2 所示。从图中可以看出，不同热工参数下的流动不稳定工况点在无量纲化整理后均落在同一条实验曲线上，该实验曲线将整个区域分为稳定区和不稳定区两部分，构成了该压力和入口温度条件下的流动不稳定性边界。

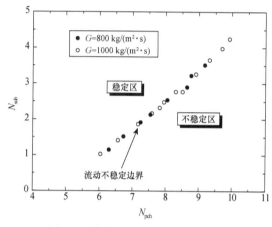

图 6.2　流动不稳定边界（12 MPa）

由流动不稳定-临界热流密度的热工参数分布实验数据分析可知，在压力较低的条件下，流动不稳定性相对临界热流密度更容易发生，为了较为充分地研究流动不稳定性边界的规律性，拓展实验参数范围，分别在 10 MPa 和 8 MPa 压力下针对流动不稳定性边界开展了研究。如图 6.3 和图 6.4 分别是在 10 MPa 和 8 MPa 压力条件下获得的流动不稳定边界。

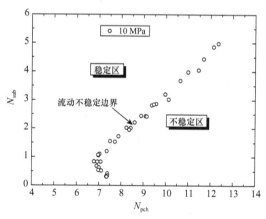

图 6.3　流动不稳定性边界（10 MPa）

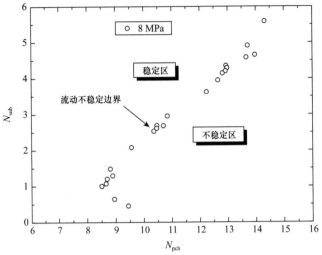

图 6.4　流动不稳定性边界（8 MPa）

从图中可以看出，在现有实验参数范围内，流动不稳定性边界是一条带有下拐点的直线段，下拐点的范围在 $N_{sub} = 0.8 \sim 1$。在 12 MPa 压力下由于水的饱和温度较高，在入口温度 $T_{in} = 210 \sim 300$ ℃ 范围内，$N_{sub} = 1.05 \sim 4.12$，这使得在 12 MPa 获得的流动不稳定性边界处在直线区内。

（2）流动不稳定空间

流动不稳定性边界会受系统压力的影响，可以通过引入无量纲压力 p^+ 的方法，按在 $N_{sub} - N_{pch} - p^+$ 所表示的三维空间中获得一个流动不稳定空间。按照此种方法整理实验数据如图 6.5 所示。在实验参数范围内，不同压力下的流动不稳定边界呈现出相似的变化趋势，是一个带有下拐点的线段。如果将三条线段做光滑的连接，所得的平面即为流动不稳定界面。

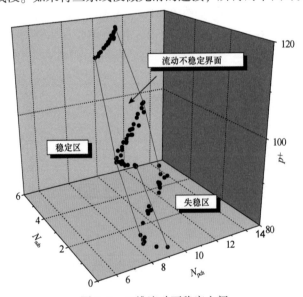

图 6.5　三维流动不稳定空间

6.2.2 瞬变外力场对流动不稳定边界的影响

本节研究了典型外力场对流动不稳定边界的影响。在高压范围内，能够产生流动不稳定的区域较小，且主要集中在压力相对较小的区域内，因此为了突出流动不稳定的变化规律，在 12 MPa 压力下开展了实验研究。首先将静止条件下获得的流动不稳定结果进行整理，如图 6.6 所示。本书要求的入口温度范围如图中虚线所示。

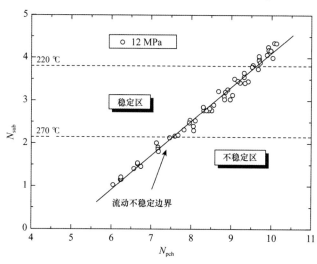

图 6.6 流动不稳定边界（竖直静止）

（1）倾斜条件对流动不稳定性边界的影响

将倾斜条件下获得的 12 MPa 流动不稳定实验数据按 N_{sub}-N_{pch} 整理，并与静止实验结果进行比较如图 6.7 所示。研究的入口温度范围如图中虚线所示。从图中可以看出，在不同倾斜角度条件下，不同热工参数的流动不稳定实验结果与静止条件实验结果落在同一条实验曲线上。

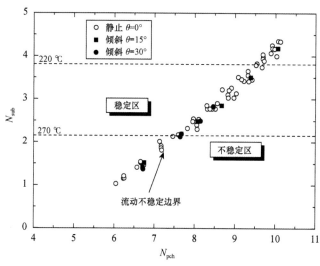

图 6.7 流动不稳定边界（倾斜）

（2）摇摆条件对流动不稳定性边界的影响

将摇摆条件下获得的 12 MPa 流动不稳定实验数据按 N_{sub}-N_{pch} 整理，并与静止实验结果进行比较如图 6.8 所示。研究的入口温度范围如图中虚线所示。从图中可以看出，在不同摇摆瞬变外力场环境，不同热工参数的流动不稳定实验结果与静止条件实验结果落在同一条实验曲线上。

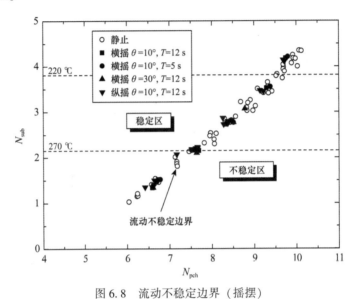

图 6.8 流动不稳定边界（摇摆）

6.3 多因素耦合作用下并联通道流动失稳机制

实验发现，在部分参数范围内，并联通道间会发生流动失稳现象，而在部分参数范围内，通道出口发生沸腾临界时流动仍是稳定的。

6.3.1 流动失稳-沸腾临界的相对关系

在研究参数范围内，研究获得了压力、入口温度以及质量流速等热工参数对流动不稳定和临界热流密度发生前后次序的影响规律，确定了流动失稳-沸腾临界的相对关系。

在 12 MPa 条件下，质量流速 $G=1200 \text{ kg/}(\text{m}^2 \cdot \text{s})$ 和 $G=1500 \text{ kg/}(\text{m}^2 \cdot \text{s})$ 时，沸腾临界先于流动失稳发生。为了研究流动失稳与沸腾临界的相对关系，将该条件下获得的沸腾临界实验结果与流动失稳实验结果绘制在同一张 N_{sub}-N_{pch} 图上，如图 6.9 所示。

从图中可以看出，沸腾临界与流动失稳是两条不同规律的实验曲线。相同压力和质量流速条件下的沸腾临界曲线为一条直线，不同的质量流速条件下，直线的截距不同，质量流速越大，截距越大，对应的直线越向左偏移。受实验参数范围限制，12 MPa 压力下的流动失稳边界处于失稳曲线的直线段上，其斜率要比临界热流密度曲线小，而且同一个压力下，流动失稳曲线的位置不随着质量流速发生变化，相同压力下，不同的质量流速和入口温度的流动失稳工况点均落在同一条曲线（流动不稳定边界）上。

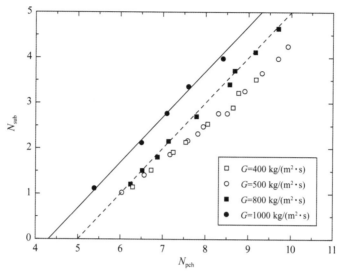

图 6.9　流动不稳定-临界热流密度相对关系（12 MPa）

由以上分析可知，由于沸腾临界与流动失稳是两条不同的实验曲线，曲线方程由对应的热工参数决定，这导致不同的热工参数条件下，曲线的相对位置不同，而曲线的相对位置决定了在该热工参数下开展实验时流动失稳与沸腾临界发生的先后次序，这与图 6.4 所示的流动失稳-沸腾临界分布区域是相对应的。

6.3.2　沸腾临界曲线和流动失稳边界的相对位置关系图

采用 N_{pch} 和 N_{sub} 参数，整理获得了沸腾临界曲线和流动失稳边界的相对位置关系图，曲线的相对位置决定了流动不稳定的发生机制。

根据热平衡含汽率的定义有：

$$x_c = \frac{\left(h_{in} + \dfrac{q}{G} \cdot \dfrac{P_h \cdot L}{A} - h_f \right)}{h_{fg}} \qquad (6-7)$$

经过计算分析，式（6-7）可进一步变换：

$$x_c = \frac{\left(h_{in} + \dfrac{q}{G} \cdot \dfrac{P_h \cdot L}{A} - h_f \right)}{h_{fg}} = (N_{pch} - N_{sub}) \frac{\rho_g}{\rho_l - \rho_g} \qquad (6-8)$$

式（6-8）经过变换可以得到发生沸腾临界时的直线方程：

$$N_{pch} = N_{sub} + x_c \cdot \frac{\rho_l - \rho_g}{\rho_g} \qquad (6-9)$$

由式（6-9）可以看出，沸腾临界在 N_{sub}-N_{pch} 图上是一条斜率 $k=1$ 的直线，流动失稳边界在直线区的斜率 $k<1$。由式（6-9）还可以看出，沸腾临界直线的截距由压力和出口热平衡含汽率决定，在压力不变的条件下，$(\rho_l-\rho_g)/\rho_g$ 为定值，热平衡含汽率主要受

质量流速影响，质量流速越高，含汽率越大，相应的沸腾临界线向左偏；相反地，质量流速越小，相应的沸腾临界线向右偏。在一定压力下，流动失稳界限是固定的，这导致沸腾临界曲线与流动失稳边界之间存在相离和相交两种相对位置关系，由此产生出三种不同的相对位置，如图 6.10 所示。

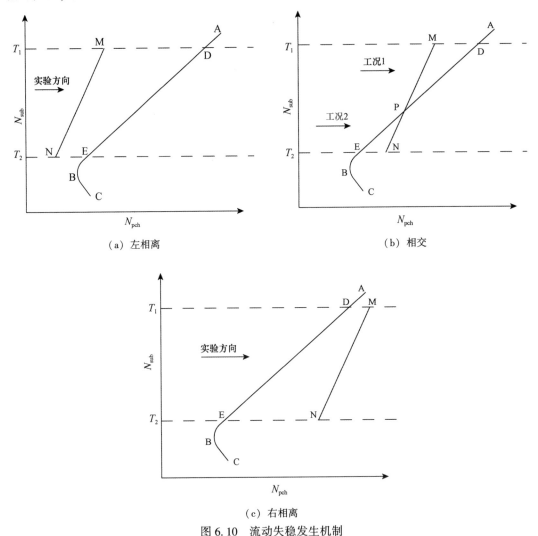

（a）左相离　　　　　　　　　　　　　　（b）相交

（c）右相离

图 6.10　流动失稳发生机制

图 6.10 中曲线 ABC 为一定压力条件下的流动失稳边界，在研究参数范围内，流动失稳边界处于直线区，该区域的范围由入口温度 $T_1 \sim T_2$ 确定，图 6.10 中两条水平虚线之间的区域，该区域边界和流动失稳边界的交点分别为 D、E 点。直线段 MN 表示在入口温度 $T_1 \sim T_2$ 范围内的沸腾临界曲线。

在现有实验条件下，通过先稳定入口热工参数，然后逐渐提升实验段功率，直至流动失稳或者沸腾临界发生。这样的实验过程，表示在 N_{sub}-N_{pch} 图上，就是在 N_{sub} 数不变的条件下，逐渐增加 N_{pch} 数，如图 6.10 中箭头所示。

综合以上分析，可对流动失稳的发生机制作如下解释。

图 6.10（a）表示在较高的质量流速条件下，沸腾临界曲线与流动失稳边界为左相离的关系，此时沸腾临界曲线"挡在"流动失稳曲线之前，流动失稳完全被沸腾临界"遮挡"。在实验过程中，随着 N_{pch} 数的增加，在入口温度 $T_1 \sim T_2$ 范围内，首先遇到的是沸腾临界曲线 MN，流动不稳定不会发生。该条件下将获得曲线 MN 所示的沸腾临界实验结果。

图 6.10（b）表示适当的质量流速条件下，此时两曲线为相交的关系，临界热流密度曲线 MN 与流动不稳定边界 DE 相交于 P 点。在较低的入口温度条件下，流动不稳定边界 DP 被沸腾临界曲线 MP 所"遮挡"，而在较高的入口温度条件下，沸腾临界曲线 PN 被流动不稳定边界 PE 所"遮挡"。此时会产生如图 6.10（b）中工况 1 和工况 2 所示的两种实验结果。工况 1 是在较低的入口温度条件下，此时 N_{sub} 数较小，随着 N_{pch} 数的增加将首先遇到沸腾临界曲线 MP，沸腾临界先于流动失稳发生。工况 2 是在较高的入口温度条件下，此时 N_{sub} 数较大，随着 N_{pch} 数的增加，将会遇到流动失稳边界 PE，流动不稳定先于沸腾临界发生。因此，在图 6.10（b）所示的条件下，在入口温度 $T_1 \sim T_2$ 范围内将会获得沸腾临界和流动失稳两种实验结果，此时的实验曲线的形状如 MPE 所示。

图 6.10（c）表示较低的质量流速条件下，沸腾临界曲线与流动不稳定边界为右相离的关系，此时沸腾临界曲线 MN 完全被流动失稳边界 DE"遮挡"。在实验过程中，随着 N_{pch} 数的增加，在入口温度 $T_1 \sim T_2$ 范围内首先遇到的是流动失稳边界 DE，该范围内全部受流动不稳定控制。此时的实验结果如 DE 所示。

综合以上分析可以看出，沸腾临界曲线和流动失稳边界的相对位置关系决定了流动不稳定的发生机制。当两曲线相交时，较低入口温度条件下发生沸腾临界，较高入口温度条件下发生流动不稳定，实验曲线为一条折线，转折点是沸腾临界曲线和流动失稳边界的交点（P 点）；当两曲线相离时，又有两种情况，如果沸腾临界曲线位于流动失稳边界右侧（右相离），实验结果即为流动失稳边界，如果沸腾临界曲线位于流动失稳边界左侧（左相离），将全部获得沸腾临界的实验结果。

6.3.3 流动失稳与沸腾临界的分界点

通过验证性实验证明了流动失稳发生机制的科学性，流动不稳定的发生取决于不稳定边界与沸腾临界曲线的相对位置，两者的交点即为流动不稳定与沸腾临界的分界点。

在一定压力下，为了凸显流动失稳的影响，应该减小质量流速，这样才能获得较为完整的流动失稳边界。由实验结果可知，在 12～15 MPa 压力范围内，流动失稳仅出现在质量流速 $G = 500 \ \mathrm{kg/(m^2 \cdot s)}$ 附近。为了在更宽的参数范围内凸显出流动失稳的影响，本研究拓展了实验压力的参数范围，在 10 MPa 压力下针对如图 6.11（b）所示的情况开展了有关实验，获得的实验结果如图 6.11 所示。

从图 6.11 中可以看出，沸腾临界与流动失稳是两条不同规律的实验曲线。相同压力和质量流速条件下的临界曲线为一条等干度线，在 $N_{sub} - N_{pch}$ 图上表现为一条斜率 $k = 1$ 的直线，流动失稳边界在直线区的斜率 $k < 1$，相同压力下，不同的质量流速和入口温度的流动失稳工况点均落在同一条曲线（流动不稳定边界）上。这与 12 MPa 下的实验规律是一致的。

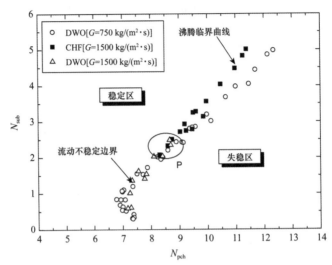

图 6.11　流动不稳定边界与临界热流密度交叉点（10 MPa）

在 10 MPa 压力下，质量流速 500 kg/（m²·s），入口温度 193～296 ℃范围内，流动失稳先于沸腾临界发生，其发生机制如图 6.10（c）所示，所以此时获得的实验结果是该压力下的流动失稳边界。当质量流速升高至 1000 kg/（m²·s），在低温区 193～252 ℃范围内沸腾临界先于流动失稳发生，在高温区 269～301 ℃范围内流动失稳先于沸腾临界发生，而在温度 252～269 ℃范围内，流动失稳与沸腾临界会交替出现。从图 6.11 中可以看出，所有的流动失稳工况点均落在流动失稳边界线上，而沸腾临界的实验结果与流动失稳边界有明显的偏离，沸腾临界曲线与流动失稳边界的交叉点 P 就在 252～269 ℃范围内，相对应的 $N_{sub} = 2.08～2.72$，取其平均值 $N_{sub} = 2.4$ 为两者的交点。

综合以上分析可以看出，图 6.11 所示的流动失稳发生机制与实验结果是相符的。流动失稳的发生取决于失稳边界与沸腾临界曲线的相对位置，两者的交点即为流动失稳与沸腾临界的分界点；一定压力条件下，失稳边界是固定的，在现有参数范围内，沸腾临界曲线的位置主要受质量流速控制，质量流速越大，临界曲线越向左偏，质量流速小，临界曲线越向右偏。

6.4　瞬变外力场环境流动不稳定性分析程序

堆芯流动不稳定性计算分析程序涉及几何结构模型、基本假设条件、压降计算模型、瞬变外力场附加力模型、耦合外力场环境附加压降求解方法以及中间物理量的辅助模型等多个物理模型。

6.4.1　基本假设

本研究采用均相流模型，进行合理的假设，为建立瞬变外力场环境流动不稳定模型研究奠定基础，确定了并联多通道几何模型。考虑到研究参数范围处于高压条件，因而两相

流模型采用均相流模型,并做了以下基本假设:

（1）通道内两相流动为一维流动并且流动截面沿流动方向保持不变;

（2）加热功率沿轴向均匀分布;

（3）入口冷却剂过冷;

（4）在给定系统压力下,单相区冷却剂物性为常数,均为对应压力下的饱和参数。

6.4.2 几何结构模型

在实验中使用的并联双通道实验段结构,由两个尺寸相同的高温高压矩形通道实验模拟体、两个入口文丘里流量测量段以及必要的管道连接件构成,通过进出口三通和连接管路将各个加热通道并联,形成平行双通道结构。各实验段入口流量计的设置主要是用于监测流动不稳定性的发生,因文丘里流量计的安装使用要求,同时考虑到实验段的空间布置,入口管段的文丘里流量计采用了水平安装方式,由此使得入口段长度增加较多,其入口水平段的长度 $L_{in} - h_{ori}$ 为 1560 mm,竖直段高度为 265 mm,其中包括 34 mm 长的矩形通道部分。

流动不稳定分析软件将模拟对象简化为由上下两个联箱和中间多个并联管道所组成的系统。如图 6.12 所示,管道从下到上依次被分为三部分,即入口段、加热段和上升段。其中,加热段总长度为 L_H,划分为单相区和两相区,单相区长度为 L_N;入口段长度为 L_E,上升段长度为 L_R;入口段和上升段的阻力分别选用具有不同阻力系数的阻力件代替。

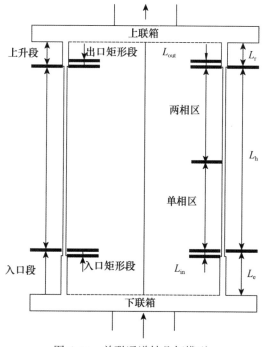

图 6.12 并联通道结几何模型

对比物理模型与实验段结构发现，二者最大的结构差异为入口段。为满足程序的通用性，将该部分等效于实验段入口未加热的竖直管段和矩形段。

考虑到整个实验段入口段结构复杂，包括弯头、文丘里流量计、变径接管等，将整个入口段按原型进行几何建模难度较大，需要对进口结构根据实际阻力进行设置优化。图 6.13 给出了优化前后程序计算值与实验数据的比对图。从图中可以看出，在优化前，实验值和计算值的偏差在 ±20% 以内，但是优化后的偏差减小到 ±10%。因此，并联通道结构优化对程序的优化效果显著。

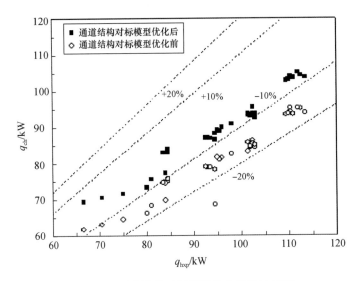

图 6.13　通道结构对标模型优化前后比较图

6.4.3　压降计算模型

一维流动的动量方程可以写成：

$$\frac{\partial(\rho u)}{\partial t} + \frac{\partial(\rho u^2)}{\partial z} + \rho f + \frac{f}{D_e}\frac{\rho u^2}{2} + \frac{\partial p}{\partial z} = 0 \tag{6-10}$$

当考虑瞬变外力场，建立在并联通道模型时，动量方程式可表述为：

$$\frac{\partial(\rho u)}{\partial t} + \frac{\partial(\rho u^2)}{\partial z} + \rho g + \left[\frac{f}{D_e} + \frac{k_E}{\Delta z} + \frac{k_R}{\Delta z}\right]\frac{\rho u^2}{2} + \boldsymbol{F}_a = -\frac{\partial p}{\partial z} \tag{6-11}$$

对通道来讲，动量方程可表述为惯性压降 Δp_I、加速压降 Δp_a、重位压降 Δp_g、摩擦阻力压降 Δp_f（包含了入口段和上升段）、运动附加压降 Δp_{add} 之和与通道压力梯度匹配的形式，即：

$$\Delta p = \Delta p_I + \Delta p_a + \Delta p_g + \Delta p_f + \Delta p_{add} \tag{6-12}$$

其中：

$$\Delta p_I = \int_0^L \frac{\partial(\rho u)}{\partial t}dz, \ \ \Delta p_a = \int_0^L \frac{\partial(\rho u^2)}{\partial t}dz, \ \ \Delta p_g = \int_0^L \rho g dz \tag{6-13}$$

$$\Delta p_{\mathrm{f}} = \int_0^L \left[\frac{f}{D_{\mathrm{e}}} + (K_{\mathrm{E}} + K_{\mathrm{R}})/L \right] \frac{\rho u^2}{2} \mathrm{d}z, \quad \Delta p_{\mathrm{add}} = \int_0^L \boldsymbol{F}_{\mathrm{a}} \mathrm{d}z \qquad (6\text{-}14)$$

通过分别求得通道内各种压降，即可得到通道总压降。在流动不稳定分析软件中，正是通过求解附加力来求解附加压降项的，因此该模型是正确合理的。

6.4.4　耦合外力场环境附加压降求解方法

为验证求解离散格式运动参数解析方法的正确性，针对静止、典型和耦合外力场不稳定发生时的界限功率进行了计算，计算结果表明：离散输入时计算得到的不稳定边界与连续输入时计算得到的不稳定边界误差小于 1.5%。图 6.14 是在摇摆条件下，每隔 0.04 s 取一组离散数据输入程序进行计算与连续输入计算所得的不稳定边界对比图，从图中可以看出该工况下，不稳定边界吻合的很好，也就是通过对离散格式运动参数解析得到的计算结果与以函数形式输入运动参数的计算结果的一致性很好。说明上述耦合外力场环境附加压降求解方法是正确的。

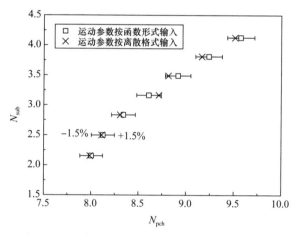

图 6.14　离散输入和连续输入的不稳定边界对比图

6.4.5　辅助模型

为准确地对瞬变外力场环境并联多通道流动不稳定性控制方程进行数值求解，除了要建立合理准确的数学物理模型外，还必须使用较为准确的辅助方程，包括单相、两相条件下的摩擦阻力系数模型等。在流动不稳定分析软件中，这些模型均由实验数据得到，当计算参数范围超出这些模型的使用范围时，则选用调研得到的相关模型。

6.4.6　程序计算结果验证

在研究参数范围内，分析软件计算结果与实验结果比较，静止条件下计算精度为±10%，瞬变外力场环境计算精度为±12%。

（1）静止条件

取 12 MPa 下静止时得到的实验工况利用流动不稳定分析软件进行计算，得到的流动不稳定边界如图 6.15 所示。计算结果与实验数据对比表明：流动不稳定分析软件在静止条件下的计算精度在±10%以内。

（2）倾斜条件

取 12 MPa 倾斜条件下得到的实验工况利用流动不稳定分析软件进行计算，得到的流动不稳定边界如图 6.16 所示。计算结果与实验数据对比表明：流动不稳定分析软件在静止条件下的计算精度在±7%以内。

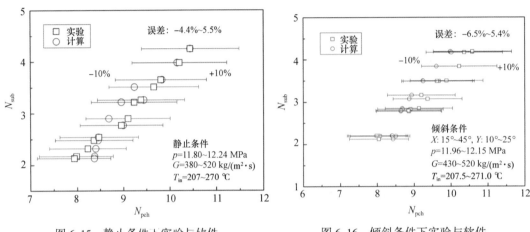

图 6.15 静止条件卜实验与软件
计算得到的流动不稳定边界

图 6.16 倾斜条件下实验与软件
计算得到的流动不稳定边界

（3）摇摆条件

取 12 MPa 摇摆条件下得到的实验工况利用流动不稳定分析软件进行计算，得到的流动不稳定边界如图 6.17 所示。计算结果与实验数据对比表明：流动不稳定分析软件在摇摆条件下的计算精度在±12%以内。

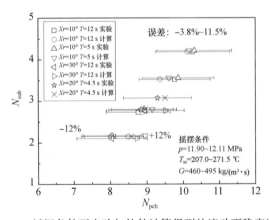

图 6.17 摇摆条件下实验与软件计算得到的流动不稳定边界

（4）起伏条件

取 12 MPa 起伏条件下得到的实验工况利用流动不稳定分析软件进行计算，得到的流动不稳定边界如图 6.18 所示。计算结果与实验数据对比表明：流动不稳定分析软件在起伏条件下的计算精度在 ±12% 以内。

（5）耦合瞬变外力场

取 12 MPa 耦合外力场得到的实验工况利用流动不稳定分析软件进行计算，得到的流动不稳定边界如图 6.19 所示。计算结果与实验数据对比表明：流动不稳定分析软件在耦合外力场的计算精度在 ±8% 以内。

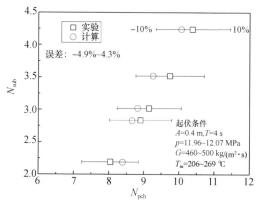

图 6.18 起伏条件下实验与
软件计算得到的流动不稳定边界

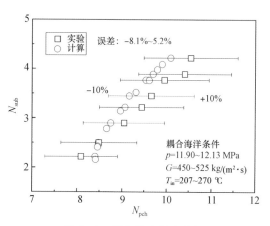

图 6.19 耦合外力场实验与
软件计算得到的流动不稳定边界

（6）流动不稳定分析软件计算精度评价结论

将计算得到的流动不稳定边界对应的界限功率与实验结果进行对比可以看出，在研究的参数范围内，流动不稳定分析软件的计算精度在 ±12% 以内，99% 的计算结果在实验结果的 ±10% 误差带以内，如图 6.20 和图 6.21 所示。

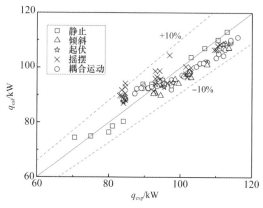

图 6.20 静止条件实验与软件计算
得到的界限功率

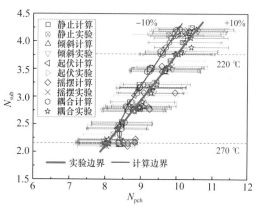

图 6.21 静止条件实验与软件计算
得到的不稳定边界

6.4.7　综合计算分析

采用评价后的瞬变外力场流动不稳定性分析软件开展综合计算分析，定量分析了各种瞬变外力场对流动不稳定边界的影响，获得三维流动不稳定边界，流动不稳定边界对应的界限含汽率大于 0.5。

（1）基于流动不稳定分析软件的计算分析

1）瞬变外力场对并联矩形通道流动不稳定边界的定量影响

计算分析结果表明，倾斜和起伏运动对并联矩形通道流动不稳定边界的影响在 ±1% 以内，而摇摆运动对并联矩形通道流动不稳定边界的影响在 ±5% 以内，如图 6.22 所示。

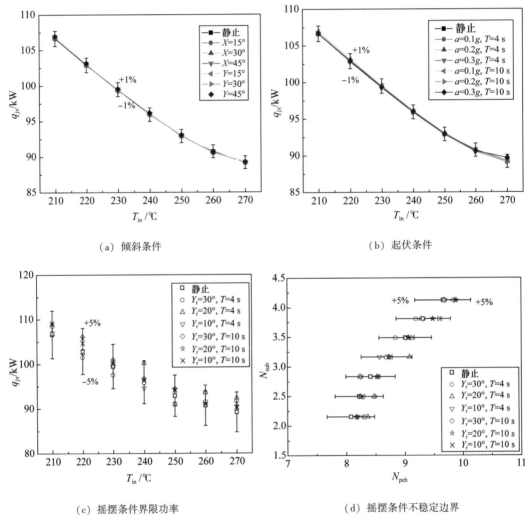

（a）倾斜条件

（b）起伏条件

（c）摇摆条件界限功率

（d）摇摆条件不稳定边界

图 6.22　瞬变外力场对流动不稳定边界的影响

2）三维流动不稳定边界

通过对不同压力下的流动不稳定边界计算，可以得到以相变数、过冷度数和无量纲压力构成的三维流动不稳定边界，如图 6.23 所示。图中不稳定边界左侧为稳定区，右边为不稳定区。

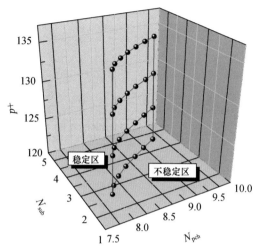

图 6.23　计算得到的三维流动不稳定边界

（2）扩展参数计算分析

1）无进出口段并联双通道流动不稳定边界

考虑到实验中的并联双通道结构中包含了进出口结构，而进出口阻力的变化会对流动不稳定边界产生影响。实验堆芯并联通道之间是没有各种接连管路的，其中最为典型的结构即无任何接连的并联双通道。因此，采用经实验数据验证和改进后的流动不稳定分析软件对无进出口段的并联双通道进行扩展计算。计算结果如图 6.24 和图 6.25 所示。从图中可以看出，在相同入口条件下，无进出口段并联矩形双通道更容易发生流动不稳定。此时，在静止和瞬变外力场环境其流动不稳定边界所对应的含汽率仍在 0.5 以上，即堆芯热通道出口含汽率需要到 0.5 以上才可能发生流动不稳定现象。

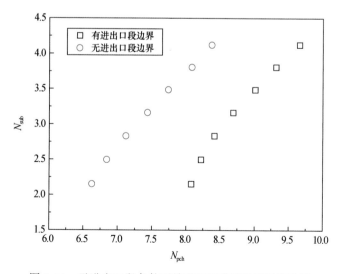

图 6.24　无进出口段条件下并联双通道流动不稳定边界

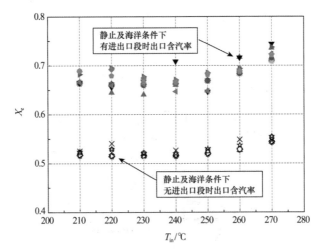

图 6.25　无进出口段条件下并联双通道出口含汽率

2）并联多通道流动不稳定边界

为进一步明确并联矩形双通道和多通道流动不稳定边界是否存在差异以及瞬变外力场是否会对其流动不稳定边界的影响程度存在差异，针对无进出口段的并联 4 通道和并联 9 通道结构进行了计算分析，计算结果如图 6.26 所示。图 6.26 表明，并联矩形双通道的流动不稳定边界与多通道的流动不稳定边界是一致的。各种瞬变外力场对并联多通道流动不稳定边界的影响很小，如图 6.27 所示。

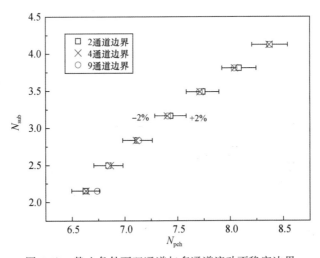

图 6.26　静止条件下双通道与多通道流动不稳定边界

并联多通道流动不稳定边界对应的界限含汽率如图 6.28 所示。从图 6.28 中可以看出，对于无进出口段的并联多通道，其流动不稳定边界对应的界限含汽率均在 0.5 以上。

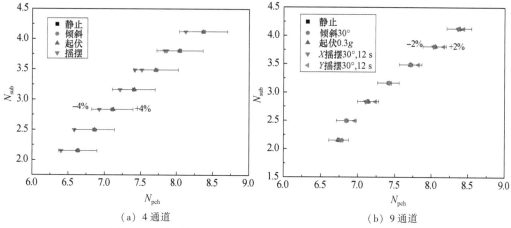

（a）4 通道　　　　　　　　　　（b）9 通道

图 6.27　瞬变外力场对并联多通道流动不稳定边界的影响

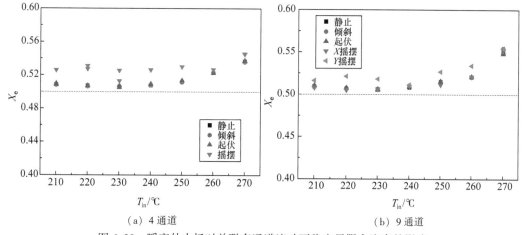

（a）4 通道　　　　　　　　　　（b）9 通道

图 6.28　瞬变外力场对并联多通道流动不稳定界限含汽率的影响

6.5　参考文献

［1］Boure J A, Bergles A E, Tong L S. Review of two-phase flow instability［J］. Nuclear engineering and design, 1973, 25(2)：165-192.

［2］Fukuda K, Kobori T. Two-phase flow instability in parallel channels［C］//International Heat Transfer Conference Digital Library. Begel House Inc., 1978.

［3］许胜华. 高压系统平行通道自然循环不稳定性研究［D］. 上海：上海交通大学, 1993.

［4］苏光辉, 张金玲, 郭玉君, 等. 海洋条件对船用核动力堆余热排出系统特性的影响［J］. 原子能科学技术, 1996, 30(6)：487-491.

［5］林宗虎. 气液两相流与沸腾传热［M］. 西安：西安交通大学出版社, 2003：149-166.

［6］郭烈锦. 两相与多相流动力学［M］. 西安：西安交通大学出版社, 2002：538-562.

第7章
瞬变外力场沸腾临界特性

偏离泡核沸腾（临界）点处的热流密度称为临界热流密度（CHF）。临界热流密度在动力装备热结构设计中是一个非常重要的热工限值。在热工水力计算中，无论是判别从泡核沸腾向过渡沸腾的转折点，以区分该转折点前后的传热工况及计算过渡沸腾的传热系数，还是根据临界热流密度评价热结构的安全性，都需要准确地计算出所考虑情况下的临界热流密度值。

预测热结构内的 CHF 是非常复杂的，因为通道几何结构、径向和轴向热流密度的分布、以及流体所处的热力状态、流体流速等都会对 CHF 产生一定影响。人们从多方面试图得到各种情况下的 CHF 值，导致 CHF 的计算关系式很多，但是绝大多数是经验关系式，应用范围窄，当超出关系式所覆盖的参数范围时，往往会推导出不正确的结论。而瞬变外力场会使得通道内汽泡分布发生明显改变，静止条件下获得经验关系式无法准确预测通道内的 CHF 值。

Naotsugu Isshiki[1]采用常压下的水在自然循环和强迫循环两种流道内，实验研究了倾斜和起伏运动状态下 CHF 值的变化。实验观察到海洋条件使汽泡分布发生明显改变，并引入起伏影响因子（$K_H = \overline{q_{BO}} / \overline{q_{BOO}}$）和倾斜影响因子（$K_L = q_{Bomin} / q_{Bomin0}$）进行修正计算[2]。

Chang 等[2]针对重力变化对 DNB 的影响进行了研究，发现临界热流密度值和合成重力加速度的 1/4 次方成正比关系，并推荐采用式（7-1）计算[5]：

$$q_{CHF} = q_{CHF0} (g/g_0)^{1/4} \qquad (7-1)$$

式（7-1）还得到 Usiskin 等[3]的进一步实验验证[6]。

但 Otsuji 等[6]采用 R113 对单通道上下起伏条件下的实验却发现实验得到的 CHF 值普遍比式（7-1）偏大。并推荐使用：

$$q_{CHF} = q_{CHF0} (1 - \Delta g/g_0)^n \qquad (7-2)$$

n 和入口流速和过冷度有关，大约为 0.2。

哈尔滨工程大学庞凤阁、高璞珍等[7-10]分别进行了摇摆对强迫循环和自然循环临界热流密度影响的试验，并与不摇摆工况进行比较，发现强迫循环时摇摆工况下的 CHF 值下降，且摇摆对 CHF 影响的程度和质量流速有关，给出摇摆条件下 CHF 的实验关系式：

$$q_{CHF,r} = k_G \cdot q_{CHF},$$

$$k_G = \begin{cases} 0.85, & 300 < G < 500 \ \mathrm{kg/(m^2 \cdot s)} \\ 0.55, & 800 < G < 2700 \ \mathrm{kg/(m^2 \cdot s)} \\ 0.82, & 4500 < G < 5000 \ \mathrm{kg/(m^2 \cdot s)} \\ 1.00, & 6000 < G < 7500 \ \mathrm{kg/(m^2 \cdot s)} \end{cases} \tag{7-3}$$

本章通过静止条件和瞬变外力场条件下矩形通道内的临界热流密度实验数据，给出了典型运动条件对临界热流密度的影响。其中矩形通道实验本体的流道结构如图 7.1 所示。实验本体流道横截面长度等效长度为 L，宽度为 d，流动方向长度为 H，其中横截面等效长度是通过加热截面等效为长方形求得的，本书沸腾临界实验本体流道结构尺寸横截面等效长度 L 为 42 mm，宽度 d 为 2 mm，加热长度 H 分为 400 mm、600 mm、1000 mm。

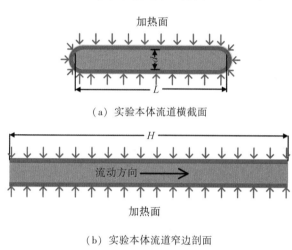

（a）实验本体流道横截面

（b）实验本体流道窄边剖面

图 7.1 沸腾临界实验本体流道结构

7.1 静止条件下沸腾临界特性研究

本实验研究了静止条件下矩形通道内的临界热流密度，获得了通道长度、系统压力、质量流速和临界含汽率等参数对临界热流密度的影响规律，为研究瞬变外力场对临界热流密度的影响规律奠定基础。

在实验段几何结构确定的情况下，临界热流密度主要受出口压力、临界含汽率 X_e（或入口过冷度）和质量流速这三个热工参数的影响，其中，临界含汽率对临界热流密度的影响最为明显，规律性也较强。图 7.2 是压力为 12 MPa 以上不同压力下 CHF 与 X_e 的关系图，从图中可以看到，临界热流密度随临界含汽率的增加而逐渐降低，呈指数衰减规律变化。从图中分压力趋势线来看，在参数范围内，压力越大，临界热流密度越低。与之比较的是图 7.3，当涉及的压力范围更宽时，尤其是包含 2 MPa 低压条件下的 CHF，压力对 CHF 的影响是随压力的增加，CHF 先增加然后后降低，拐点在 4 MPa 左右。

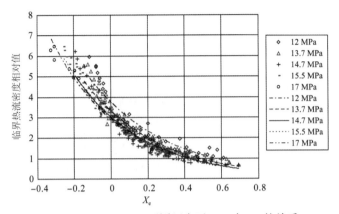

图 7.2　12 MPa 以上不同压力下 CHF 与 X_e 的关系

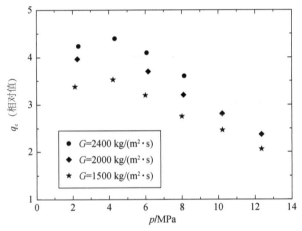

图 7.3　12 MPa 以下压力与 CHF 的关系

图 7.4 是不同质量流速下 CHF 与临界含汽率的关系图,从图中来看,总体趋势仍与图 7.2 相同。当实验段质量流速保持基本不变时,临界热流密度随 X_c 的增加而降低。

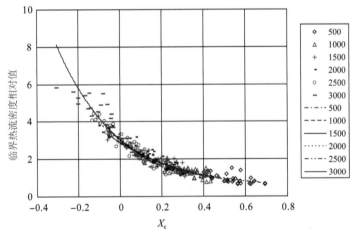

图 7.4　不同质量流速下 CHF 与 X_c 的关系

将图 7.4 在临界含汽率 -0.1~0.3 部分局部放大，效果如图 7.5 所示。从图中还可以发现，当含汽率小于 0 时，CHF 随着质量流速的增加而增大；当含汽率较高时，质量流速增大，CHF 反而减小。这是由于不同含汽率条件下 CHF 的发生机理不一致引起的。

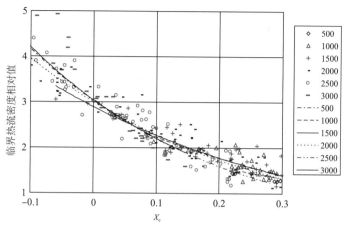

图 7.5　不同质量流速下 CHF 与 X_c 关系的局部放大图

临界热流密度与质量流速的关系如图 7.6 所示。两者并不是线性关系，而且很大程度上要受到 X_c 的影响。在过冷和低含汽区，CHF 随质量流速的增加而增大；而在高含汽区，随着质量流速的增加，相同含汽量的临界热流密度反而有所降低，但在本实验参数范围内质量流速的影响很有限。

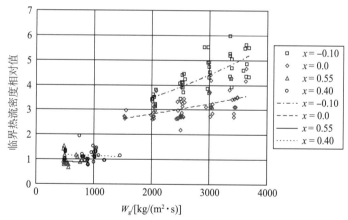

图 7.6　临界热流密度与质量流速的关系

在质量流速一定时，随着流体的入口过冷度增加，CHF 随之线性增大，如图 7.7 所示。质量流速越高变化率越大。在相同入口过冷度下，随着质量流速的增加，临界含汽量降低，CHF 则增大。国内外的文献都指出，入口过冷度的这种线性效应在很宽的长度范围内都能够成立。只有当加热长度非常短入口效应非常明显的时候，才变成非线性的影响效应。

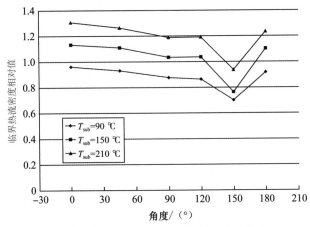

图 7.7　CHF 实验值随不同倾斜角度的分布

7.2　瞬变外力场沸腾临界特性研究

7.2.1　倾斜条件下沸腾临界特性

倾斜条件改变重力与冷却剂惯性力的矢量特性，对通道内汽泡分布产生影响进而改变临界热流密度值，在研究参数范围内，横倾有影响，纵倾影响可以忽略。

（1）倾角对沸腾临界特性的影响研究

针对实验段绕流道截面长轴倾斜（横倾）角度在 0°~180° 的情况开展了实验研究，其中 0° 为实验段竖直，流体由下向上流动；180° 为实验段竖直，流体由上向下流动。实验于压力 12 MPa、13.7 MPa、15 MPa，质量流速为 500 kg/（m²·s）、1500 kg/（m²·s）、2500 kg/（m²·s），入口过冷度 210 ℃、150 ℃、90 ℃ 的正交工况点进行。考虑到实验的目的在于探索倾角的影响趋势，因此在倾角大于 90° 以后取消了一些高质量流速和高压的点。

典型的实验结果如图 7.7 所示，系统压力 13.7 MPa，质量流速为 500 kg/（m²·s）时倾斜角度的影响。可以明显看出 CHF 实验值随着倾斜角度的变化存在单一极小值，极小值在倾角 150° 附近，此时 CHF 值减小到同等工况下竖直向上流动 CHF 的 70% 左右。在极值点之前和之后，CHF 实验值随着倾角的变化都是单调的。倒流（倾角 180°）时的 CHF 略小于垂直向上流动工况。

将横倾 45° 和横倾 90° 得到的实验结果与相近热工参数的竖直条件 CHF 实验值相比，得到图 7.8。从图中明显可以看出，横倾 45° 和横倾 90° 都使得 CHF 变小；在横倾 90° 范围内 CHF 值随着倾角的增大而减小，横倾 90° 对 CHF 值影响比横倾 45° 影响大一些，横倾使得 CHF 比竖直条件对应工况降低。由于关注的倾斜角度影响的最大效应将在横倾 45° 的条件下获得，主要针对横倾 45° 进行研究。

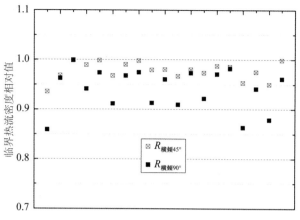

图 7.8　横倾 45°和 90°实验得到的 R

（2）横倾 45°条件下沸腾临界特性实验研究

图 7.9 对比显示了压力为 15 MPa 时，不同质量流速条件下的临界热流密度值随着入口温度的分布情况，包括实验段竖直和横倾 45°时的实验结果。在图中，所有实心的图形点表示实验段竖直的实验结果，所有空心的图形点表示实验段横倾 45°时的实验结果，不同的图形形状代表不同的质量流速。从图中可以看出，横倾 45°得到的临界热流密度值和竖直条件下得到的临界热流密度值分布趋势相同，但总体上比竖直工况的实验值偏小。

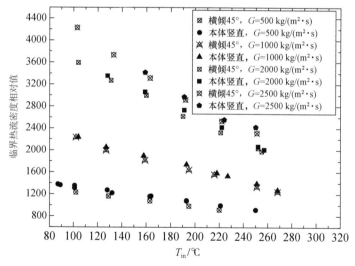

图 7.9　不同流速横倾 45°和竖直 CHF 随入口温度的分布

随着入口温度的提高（或者随着入口过冷度的减小），临界热流密度值近似线性地减小。入口过冷度对临界热流密度的影响程度和质量流速有显著的关系，增大质量流速使得入口过冷度的影响更强烈，反之当质量流速较小时入口过冷度的影响很小。

入口过冷度相近时，临界热流密度随着质量流速的增加而增加。增大的幅度与入口过冷度有关，即入口过冷度越大，由相同质量流速增加所引起的临界热流密度增大幅度越大。

$R_{横倾45°}$ 表示横倾45°与竖直对应热工工况的 CHF 比值，图 7.10 是 $R_{横倾45°}$ 随入口温度的分布图。由图中可以看出，总体而言，当质量流速较小时，$R_{横倾45°}$ 的数值也较小，这意味着横倾45°引起的临界热流密度降低程度要大一些。当质量流速为 500 kg/(m²·s)，还可以看出 $R_{横倾45°}$ 是随着入口温度的增加或入口过冷度的减小而减小的。

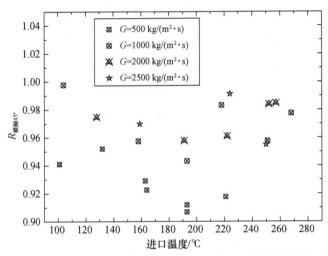

图 7.10　15 MPa 时不同流速下 $R_{横倾45°}$ 随入口温度的分布

通常认为，通道方位对临界热流密度的影响是由于重力与流动方向的夹角变化引起的，因此通道倾斜的影响本质上可以归结于重力分量的体现。当浮力和轴向流体惯性力相比不能忽略的时候，通道方位的影响才变得重要起来。当重力和流体惯性力接近时，倾斜使得通道内产生的汽泡受到向上浮力分量的作用，从而向上部迁移并聚集。汽泡的这种作用在通道内形成不对称的相分布。随着下游含汽率的增加，汽泡合并形成气层使得流道上部温度升高，临界热流密度减小。显然，质量流速较大会促进湍流交混作用，而湍流交混将有利于抑制不对称的相分布，维持截面上均匀的相分布。因此质量流速较大时倾斜影响效应不明显，反之影响较显著。由于较大质量流速时 $R_{横倾45°}$ 很接近 1.0，因此使得通过实验结果没有观察到 $R_{横倾45°}$ 随着入口过冷度的变化规律。

为进一步证实以上分析的合理性，在实验时拓展质量流速的下限，进行了更低质量流速条件下的实验。低流速时 $R_{横倾45°}$ 随着入口过冷度的分布如图 7.11 所示。

为了便于观察，在图中增加了各个系列数据点的趋势线。从图 7.11 中可以看出，横倾45°得到的临界热流密度值和竖直条件下得到的临界热流密度值分布趋势相同；随着入口温度的提高（或者随着入口过冷度的减小），临界热流密度值近似线性地减小。低流速条件下入口过冷度的影响程度已经非常有限，临界热流密度随着入口温度的变化并不剧烈；小质量流速条件下，横倾45°使得临界热流密度值明显降低。从图 7.12 还可以看出：横倾45°的影响程度和质量流速有关，质量流速越小 $R_{横倾45°}$ 越小，倾斜影响程度越大；随着入口过冷度的降低（质量流速固定，含汽率的增大），$R_{横倾45°}$ 也减小，倾斜的影响程度增大。

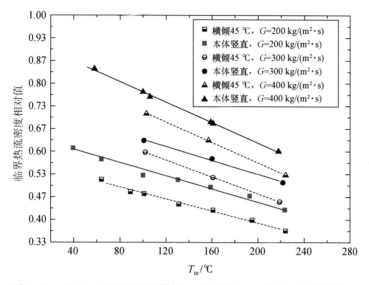

图 7.11　15 MPa 时不同流速横倾 45° 和竖直 CHF 随入口温度的分布

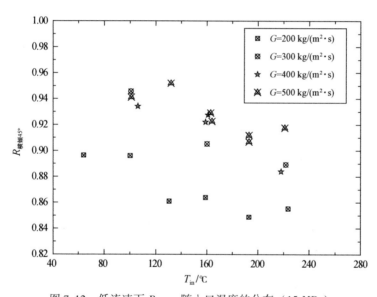

图 7.12　低流速下 $R_{横倾45°}$ 随入口温度的分布（15 MPa）

图 7.13 对比显示了压力为 15 MPa 时，不同入口温度或过冷度时临界热流密度值随着质量流速的分布情况。图中同时比较了实验段竖直和横倾 45° 的实验结果。在图中，所有实心的图形点表示实验段竖直的实验结果，所有空心的图形点表示实验段横倾 45° 时的实验结果。而不同的图形形状代表不同的入口温度。考虑到图形的清晰与可读性，将结果拆分为（a）、（b）两个部分，分别表示质量流速较低和较高时的部分结果。从图中可以看出，横倾 45° 得到的临界热流密度值和竖直条件下得到的临界热流密度值分布趋势相同，但总体上横倾 45° 使得临界热流密度降低。随着质量流速的增加，临界热流密度值近似线性地增大。增大入口过冷度使得同样质量流速的临界热流密度也增大，但当质量流速较小

时，入口过冷度对临界热流密度的影响较小。

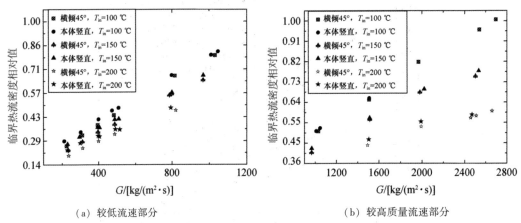

（a）较低流速部分　　　　　　　　　　　　　（b）较高质量流速部分

图 7.13　不同入口温度实验本体横倾 45°和竖直时 CHF 随 G 的分布

由于横倾 45°和竖直对应工况的 CHF 值很接近，为了便于观察，针对横倾 45°和竖直对应工况 CHF 的比值 $R_{横倾45°}$ 随着质量流速进行对比，如图 7.14 所示。可以看出，总体而言，当质量流速较小时，$R_{横倾45°}$ 的数值随着质量流速的增大而增大，但是当质量流速约大于 800 kg/（m²·s）以后，质量流速对于 $R_{横倾45°}$ 的影响不明显。这表明低流速时横倾 45°影响较大且受到质量流速的明显影响，质量流速较大时横倾 45°影响很小。同时，当质量流速较小时，还可以看到入口过冷度较小时 $R_{横倾45°}$ 总体较小，意味着入口过冷度较小时横倾影响要大一些。

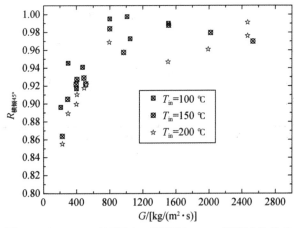

图 7.14　15 MPa 时不同入口温度下 $R_{横倾45°}$ 随流速的分布

图 7.15 对比显示了压力对实验结果的影响。为了便于对比分析，图中同时给出了实验段竖直和横倾 45°的实验结果。在图中，所有实心的图形点表示实验段竖直的实验结果，所有空心的图形点表示实验段横倾 45°时的实验结果，图中显示的都是质量流速等于 500 kg/（m²·s）时的情况，而不同的图形形状代表不同的系统压力。其中图 7.15（a）是临界热流密度值随着入口温度的分布；图 7.15（b）是临界热流密度值随着入口过冷度的

分布。从图中可以看出：不同压力下横倾45°得到的临界热流密度值和竖直条件下得到的临界热流密度值分布趋势相同。总体而言横倾45°使得临界热流密度值略减小。在实验参数范围内，不同压力条件下临界热流密度值随着入口温度的增加近似线性地减小，随着入口过冷度的增加近似线性地增大。在实验参数范围内，在入口温度或入口过冷度相同时，临界热流密度随着压力的降低而增大。

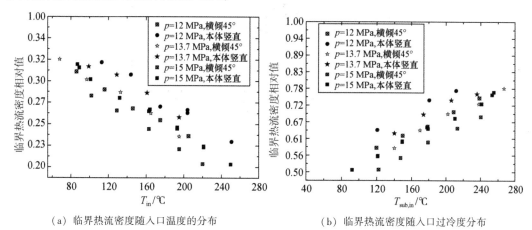

（a）临界热流密度随入口温度的分布　　　　　（b）临界热流密度随入口过冷度分布

图 7.15　系统压力对实验结果的影响

由于横倾45°和竖直对应工况的 CHF 值很接近，为了便于观察，将不同压力条件下横倾45°和竖直对应工况 CHF 的比值 $R_{横倾45°}$ 随着入口温度的分布进行比较，如图 7.16 所示。可以看出，总体上，$R_{横倾45°}$ 随着入口温度的增大而减小，这和前文的分析一致。但在实验的参数范围内，压力对 $R_{横倾45°}$ 的影响不明显。

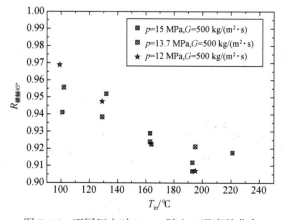

图 7.16　不同压力时 $R_{横倾45°}$ 随入口温度的分布

在工程问题中，经常将临界含汽率作为独立的变量进行分析。图 7.17 显示了压力为 15 MPa 时横倾45°和竖直工况 CHF 随着出口含汽率的分布情况。从图中可以看出，横倾45°得到的临界热流密度值和竖直条件下得到的临界热流密度值分布趋势相同，随着临界含汽率的增大而减小，近似呈指数函数分布。总体而言横倾45°使得临界热流密度值略减小，并且含汽率较大时倾斜效应的影响要大一些。

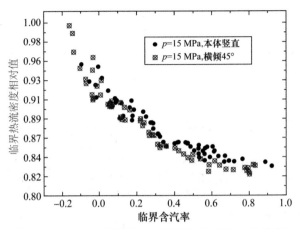

图 7.17　15 MPa 时横倾 45°和竖直 CHF 随 X_c 的分布

（3）纵倾条件对沸腾临界特性影响的实验研究

对于矩形通道，具体的倾斜状态由其几何中心线（经过流道截面中心与流动方向平行）与竖直方向的夹角（即倾角）以及流道截面绕着其中心线的旋转角来表征。对于双面均匀加热矩形通道，由于具有面对称性，倾角变化范围在 0°～180°；旋转角变动范围在 0°～90°。当倾角一定时，矩形通道的方位实际上并不唯一，但容易知道纵倾和横倾就是特定倾角时实验段的两个极限位置。

纵倾 45°和相同热工参数时竖直条件临界热流密度实验值之比与横倾 45°的对比如图 7.18 所示。从图中可以直观地看出，纵倾 45°数据点几乎分布在等值线上或对称地分布在两侧很小的区间内，看不出纵倾对临界热流密度有明显的影响。实际上，纵倾 45°与对应工况竖直条件下临界热流密度之比分布区间为 0.9783～1.042，平均值 0.998。是很接近 1.0 的分布。总体而言横倾 45°的影响更大。

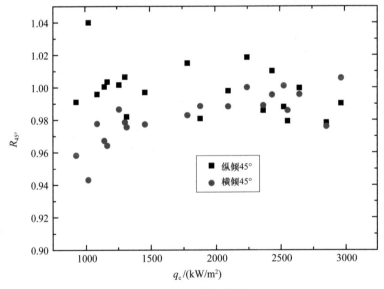

图 7.18　纵倾和横倾结果对比

图 7.19 各个子图分别显示了纵倾 45°与竖直条件临界热流密度之比 $R_{纵倾45°}$ 随着系统压力、质量流速和临界含汽率的分布情况。从图中几乎看不到 $R_{纵倾45°}$ 对于系统参数有什么依赖关系。根据文献调研，倾斜效应如果存在，其大小将与系统参数密切相关（如质量流速或其导出的无量纲量）。与系统参数无关的波动，应归结于实验不确定度和对比实验工况相关参数的不完全一致。

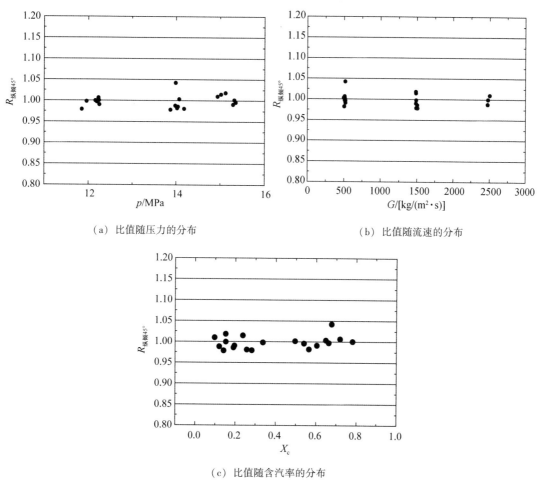

（a）比值随压力的分布 　　　　　　　　　（b）比值随流速的分布

（c）比值随含汽率的分布

图 7.19　纵倾 45°和竖直 CHF 之比和热工参数的关系

7.2.2　摇摆条件下沸腾临界特性

摇摆运动包括摇摆台沿着 x 轴和 y 轴作周期性的摇摆，摇摆角度或速度均为正弦函数。实验最大摇摆角度 30°，最大摇摆加速度 0.7 rad/s²。图 7.20 是摇摆运动获得的 CHF 与静止工况的 CHF 随着临界含汽率的分布对比，可见两类实验结果分布趋势基本相同，热工参数接近的对比工况摇摆条件的 CHF 值总体上略小。从图 7.21 和图 7.22 可以看出，摇摆运动的最大角加速度和周期对临界热流密度的影响不明显。

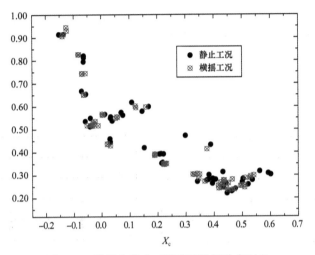

图 7.20　横摇和静止工况实验数据分布对比

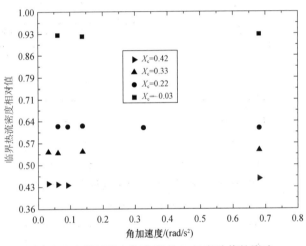

图 7.21　横摇最大加速度对 CHF 实验值的影响

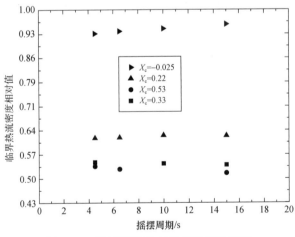

图 7.22　横摇周期对 CHF 实验值的影响

摇摆运动对各个热工参数的影响不明显；CHF 发生的时刻和运动周期之间也没有确定的相位关系，如图 7.23 所示，发生临界热流密度时实验段运动的相对位移完全是随机的，和运动周期之间没有特定的对应关系。

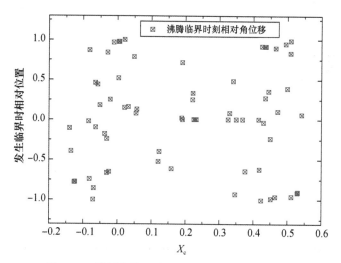

图 7.23　横摇条件下临界发生时实验段相对角位移

图 7.24 和图 7.25 是利用热工参数接近的摇摆实验和静止实验结果进行直接比较得到的。可以看出，静止和摇摆 CHF 非常接近，相对偏差大小在 6% 以内。然而，和起伏有所不同，数据分布在等值线（图中 45°直线）以上和以下的数据点个数并不对称，其中在线下的数据个数占到了 70.0%。图 7.26 给出了比值的统计直方图，可以看出比值分布不再以 1.0 为中心，而是小于 1.0 一侧占优。

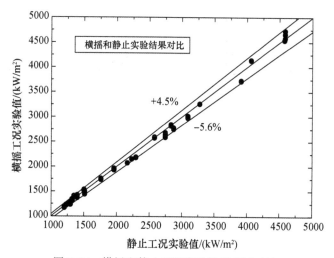

图 7.24　横摇和静止工况实验结果直接对比

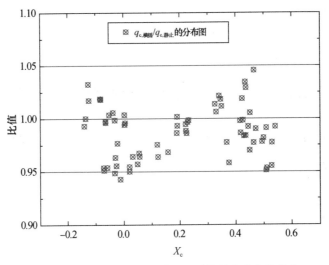

图 7.25　横摇与静止实验值之比随临界含汽率的分布

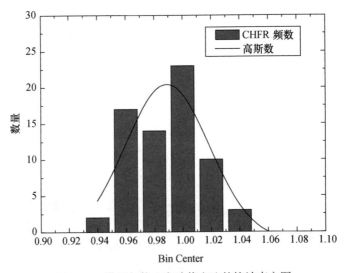

图 7.26　横摇与静止实验值之比的统计直方图

因此其中心为 0.99，考虑到保守性，可将摇摆运动影响系数取为 1.5%。即可认为摇摆条件下 CHF 是相同热工参数条件下静止 CHF 的 0.985 倍。

图 7.27 和图 7.28 是考虑了摇摆影响系数以后的数据对比情况。可见该系数足以表征摇摆引起的 CHF 总体降低的影响。

在实验过程中，发现摇摆能够引起实验支路流量的波动，同时壁温等其他参数也发生小幅度波动。因此 CHF 的总体偏小可能是由于这些参数的不稳定引起的，如图 7.29 所示。

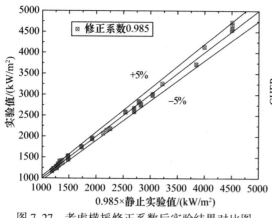

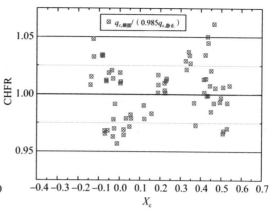

图 7.27　考虑横摇修正系数后实验结果对比图　　图 7.28　考虑横摇修正系数后 CHFR 随 X_c 的分布

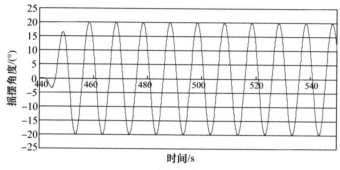

（a）摇摆角位移

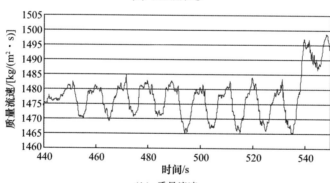

（b）质量流速

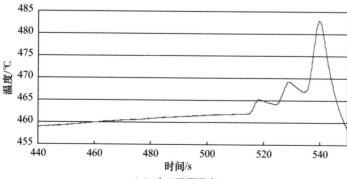

（c）出口壁面温度

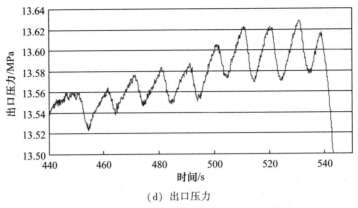

(d) 出口压力

图 7.29 x 摇摆 20°，周期 10 s 热工参数变化

7.3 瞬变外力场临界热流密度机理模型

在流动沸腾条件下，可以在泡状流、弹状流和环状流区域发生沸腾临界现象。按照沸腾临界发生时流体的焓值和当时的传热特性，可以把临界热流密度分为 DNB 型和 Dryout 型[1]两种：DNB 为发生在过冷和低含汽量下的临界热流密度现象，Dryout 为发生在较高含汽量下的临界热流密度现象，此时的流体焓值高，含汽量大，一般处于环状流区域，通过液膜干涸发生临界热流密度现象。

7.3.1 DNB 型临界热流密度计算模型

（1）DNB 型临界热流密度机理模型及瞬变外力场影响

瞬变外力场的影响体现在产生的附加加速度场，流道内流体将处于重力加速度场和附加加速度场的叠加场中。对几种汽泡壅塞模型和微液层蒸干模型进行详细的研究和对比后，本研究利用 Lee 和 Mudawar 微液层蒸干模型在机理上考虑瞬变外力场环境的附加力和附加加速度对于 DNB 的影响并进行研究。

微液层蒸干模型假设加热壁面附近产生的小汽泡结合形成大汽块，在汽块下存在非常薄的液相层，称为微液层（见图 7.30）。汽块移动过程中，当汽块下的液相全部蒸发烧干的时候，该点处的加热壁面被单相蒸汽覆盖从而导致传热恶化，进而导致 DNB 发生。故DNB 可以表达为如下形式：

$$q_{DNB} = \rho_f \delta h_{fg} U_B / L_B \tag{7-4}$$

式中：δ——汽块下微液层厚度，m；

　　　U_B——汽块移动速度，m/s；

　　　L_B——汽块长度，m。

这 3 个参数是求解微液层蒸干模型的关键参数，不同的研究者开发或改进的微液层模型中提出了不同的 δ 和 U_B 求解方法和步骤，不过都使用相同的假设来求解汽块长度 L_B，即汽块长度等于 Helmholtz 临界波长，如图 7.31 所示。

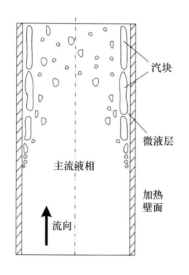

图 7.30 微液层烧干机理概念图

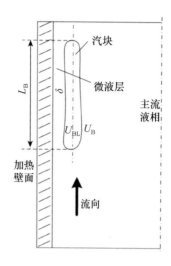

图 7.31 单个汽块图

不同瞬变外力场将产生各种复杂的附加加速度场，该附加加速度场可以分解到流道轴向和径向方向。轴向加速度场将影响汽块轴向所受浮力 F_{Ba}，从而影响汽块轴向浮力 F_{Ba} 和拖曳力 F_D 平衡，进一步对汽块的移动速度 U_B 产生影响；径向加速度场使汽块在垂直于流动方向受到额外浮力 F_{Br}，该浮力将打破蒸发力 F_E 和侧面提升力 F_L 等力之间原有的平衡并建立新的平衡，汽块产生径向移动从而使汽块下微液层的厚度 δ 发生变化。汽块受力示意图如图 7.32 所示。

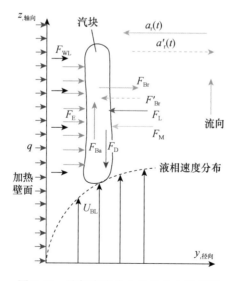

图 7.32 施加在汽块上的各个力示意图

（2）瞬变外力场环境流场瞬态特性模型

为了计算流通通道中的流量、压力、焓值等宏观参数在瞬变外力场环境的瞬态变化特性，弄清 DNB 发生时所处的外部热工水力环境，从而为 DNB 计算提供基础，需要对通道内的瞬态流动和传热过程进行模拟，建立瞬变外力场环境流通通道的瞬态计算模型并开发程序进行计算。本研究采用均匀流模型模拟管内两相流动，利用交错网格技术和半隐式差分格式进行离散求解。

质量守恒方程如下：

$$\frac{\partial \rho}{\partial t} + \frac{\partial (\rho u)}{\partial z} = 0 \tag{7-5}$$

考虑两相流体的可压缩性，为求解方程组，增加如下物性方程：

$$\rho = \rho(p, h) \tag{7-6}$$

由式（7-6）求导可得：

$$\frac{\partial \rho}{\partial t} = \frac{\partial \rho}{\partial h} \frac{\partial h}{\partial t} + \frac{\partial \rho}{\partial p} \frac{\partial p}{\partial t} \tag{7-7}$$

将式（7-7）代入质量守恒方程，可化为：

$$\frac{\partial \rho}{\partial h} \frac{\partial h}{\partial t} + \frac{\partial \rho}{\partial p} \frac{\partial p}{\partial t} + \frac{\partial}{\partial z}(\rho u) = 0 \tag{7-8}$$

动量守恒方程如下：

$$\frac{\partial}{\partial t}(\rho u) + \frac{\partial}{\partial z}(\rho u^2) = -\frac{\partial p}{\partial z} - \Delta p_{\mathrm{f}} - \rho_{\mathrm{l}} g \Psi_{\mathrm{O}} - \Delta p_{\mathrm{add}}(t) \tag{7-9}$$

式（7-9）右边第二项表示摩擦压降，第三项表示重位压降，第四项为瞬变外力场的附加压降，附加压降由式（7-10）给出：

$$\Delta p_{\mathrm{add}}(t) = \rho a_{\mathrm{add}}(t) \tag{7-10}$$

能量守恒方程如下：

$$\frac{\partial}{\partial t}\left[\rho\left(h + \frac{u^2}{2}\right)\right] + \frac{\partial}{\partial z}\left[\rho\left(h + \frac{u^2}{2}\right)u\right]$$

$$= \frac{q p_{\mathrm{rh}}}{A} + q_{\mathrm{V}} + \frac{\partial p}{\partial t} - \rho g u \Psi_{\mathrm{O}} - \rho u a_{\mathrm{add}}(t) \tag{7-11}$$

其中：$\rho u a_{\mathrm{add}}(t)$——瞬变外力场环境附加加速度做功。

此处建立的一维流场模拟模型不考虑流体径向流动，只研究瞬变外力场在轴向方向产生的附加加速度场对宏观流场特性的影响。

（3）守恒方程离散方法

目前的大部分反应堆系统安全分析程序（TRAC、Relap5、COBRA-TF 等）都采用交错式差分格式，这种方法便于编制程序，求解也相对容易，对中等大小的时间步长稳定性好。交错网格中，热力学变量（压力 p，焓值 h，密度 ρ，空泡份额 α 等）存储在控制体中心（图 7.33 中虚线位置），而流体的速度存放在控制体边界处（图 7.33 中实线位置）。在时间上采用许多商业软件上广泛使用的半隐式格式进行离散。为加快计算速度，除了连续方程和能量方程中对流项的速度，以及动量方程中的压力梯度项采用隐式格式以外，其他项均采用显示格式。

守恒方程离散后，依次以 $h_i^{n+1} - h_i^n$ 和 $p_i^{n+1} - p_i^n$ 为未知数，并以能量方程在第一行，连续

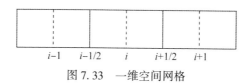

图 7.33 一维空间网格

方程在第二行的顺序排列，联立后可得方程组：

$$A\begin{pmatrix} h_i^{n+1} - h_i^n \\ p_i^{n+1} - p_i^n \end{pmatrix} = \boldsymbol{b} + \boldsymbol{f}_1 u_{i-1/2}^{n+1} + \boldsymbol{f}_2 u_{i+1/2}^{n+1} \tag{7-12}$$

采用 LU 分解法求解上述方程得到全场压力，并回代解出速度和焓值，然后计算各控制体的热工水力参数。

（4）模型耦合及程序编制

耦合模型中，瞬变外力场作为瞬态计算的输入边界条件，流场模拟模型作为主程序框架，DNB 模型作为主程序框架中的子程序。瞬态计算时，给定瞬变外力场，在一个摇摆或起伏周期内固定热流密度值 q_m 不变，用流场模拟程序计算瞬变外力场环境管道各个位置的热工水力参数，将出口参数（DNB 发生的当地参数）代入 DNB 求解程序计算 DNB 值，如果该运动周期内没有达到 DNB，则改变 q_m 值进行下一运动周期的计算，如此循环直到达到 DNB，结束计算。

7.3.2 DO 型临界热流密度计算模型

基于环状流流型相态分布特征，针对液膜、液滴和汽相分别建立质量和动量守恒方程，耦合瞬变外力场完成瞬变外力场环状流三流体瞬态模型构建。

（1）瞬变外力场环状流三流体瞬态模型

环状流中液膜紧贴壁面向上流动，形成连续的环状液膜。同时，夹带有液滴的汽相在通道中央流动形成连续的汽芯（见图 7.34）。汽芯中的液滴和液膜之间不断发生着质量和动量交换，即汽芯中的液滴向液膜表面沉降，同时汽芯的高速流动将卷吸液膜，产生液滴而进入汽芯中形成液滴的夹带。对液膜，液滴和汽相分别建立质量守恒方程和动量守恒方程。

1）液膜质量守恒方程

矩形通道环状流中连续的液膜主要受到蒸发和液滴的沉积、夹带的影响而逐渐变薄，根据质量守恒可以得到：

$$\frac{\partial}{\partial \tau}(\rho_f \alpha_f) + \frac{\partial(\rho_f \alpha_f u_f)}{\partial z} = -\frac{qP_{rq}}{Ah_{fg}} + \frac{P_{rw}D_{ep} - (P_{rw}E_{nh} + P_{rq}E_{nq})}{A} \tag{7-13}$$

2）液滴质量守恒方程

液滴主要来自液膜的蒸发夹带以及汽相对液膜的卷吸，同时还会向液膜表面沉积，因此根据质量守恒可以得到：

$$\frac{\partial}{\partial \tau}(\rho_d \alpha_d) + \frac{\partial(\rho_d \alpha_d u_d)}{\partial z} = -\frac{P_{rw}D_{ep} - (P_{rw}E_{nh} + P_{rq}E_{nq})}{A} \tag{7-14}$$

3）汽相质量守恒方程

环状流中蒸汽主要来源于液膜的蒸发，根据质量守恒方程有：

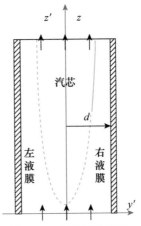

图 7.34 环状流示意图

$$\frac{\partial}{\partial \tau}(\rho_g \alpha_g) + \frac{\partial(\rho_g \alpha_g u_g)}{\partial z} = \frac{q P_{rq}}{A h_{fg}} \tag{7-15}$$

4）液膜动量守恒方程

液膜除了受到自身重力，压力以及来自壁面的摩擦力外，还受到汽芯液膜交界面的摩擦力；忽略液膜与液滴之间的摩擦力，结合液膜受力以及汽芯液膜交界面的动量交换，可以得到液膜动量守恒方程：

$$\frac{\partial(\rho_f \alpha_f u_f)}{\partial \tau} + \frac{\partial(\rho_f \alpha_f u_f^2)}{\partial z} - \frac{D_{ep} P_{rw}}{A} u_d + \frac{q P_{rq}}{A h_{fg}} u_f + \frac{E_{nh} P_{rw} + E_{nq} P_{rq}}{A} u_f$$

$$= -\alpha_f \frac{\partial p}{\partial z} + \alpha_f (\boldsymbol{F} + \rho_f \boldsymbol{f}) \cdot \boldsymbol{k} - M_{wf} + M_{fg} \tag{7-16}$$

代入液膜质量守恒方程（7-13）可以得到：

$$\rho_f \alpha_f \frac{\partial u_f}{\partial \tau} + \rho_f \alpha_f u_f \frac{\partial u_f}{\partial z}$$

$$= -\alpha_f \frac{\partial p}{\partial z} + \alpha_f (\boldsymbol{F} + \rho_f \boldsymbol{f}) \cdot \boldsymbol{k} - M_{wf} + M_{fg} + \frac{D_{ep} P_{rw}}{A}(u_d - u_f) \tag{7-17}$$

5）液滴动量守恒方程

液滴所受的力主要包括自身重力，压力和汽相与液滴之间的摩擦力。结合液滴的受力以及液滴与液膜之间的动量交换，可以得到液滴的动量守恒方程：

$$\frac{\partial(\rho_d \alpha_d u_d)}{\partial \tau} + \frac{\partial(\rho_d \alpha_d u_d^2)}{\partial z} + \frac{D_{ep} P_{rw}}{A} u_d - \frac{E_{nh} P_{rw} + E_{nq} P_{rq}}{A} u_f$$

$$= -\alpha_d \frac{\partial p}{\partial z} + \alpha_d (\boldsymbol{F} + \rho_d \boldsymbol{f}) \cdot \boldsymbol{k} - M_{gd} \tag{7-18}$$

代入液滴质量守恒方程（7-18）可以得到：

$$\rho_d \alpha_d \frac{\partial u_d}{\partial \tau} + \rho_d \alpha_d u_d \frac{\partial u_d}{\partial z}$$

$$= \alpha_d \frac{\partial p}{\partial z} + \alpha_d (\boldsymbol{F} + \rho_d \boldsymbol{f}) \cdot \boldsymbol{k} + M_{gd} + \frac{E_{nh} P_{rw} + E_{nq} P_{rq}}{A} (u_f - u_d) \qquad (7-19)$$

6）汽相动量守恒方程

汽相所受的力主要包括自身重力，压力、蒸汽与液滴之间的摩擦力以及蒸汽与液膜之间的摩擦力。结合汽相的受力以及汽相与液膜之间的动量交换，可以得到汽相的动量守恒方程：

$$\frac{\partial (\rho_g \alpha_g u_g)}{\partial \tau} + \frac{\partial (\rho_g \alpha_g u_g^2)}{\partial z} - \frac{q P_{rq}}{A h_{fg}} u_f$$

$$= -\alpha_g \frac{\partial p}{\partial z} + \alpha_g (\boldsymbol{F} + \rho_g \boldsymbol{f}) \cdot \boldsymbol{k} - M_{fg} + M_{gd} \qquad (7-20)$$

代入汽相质量守恒方程（7-17）可以得到：

$$\rho_g \alpha_g \frac{\partial u_g}{\partial \tau} + \rho_g \alpha_g u_g \frac{\partial u_g}{\partial z}$$

$$= -\alpha_g \frac{\partial p}{\partial z} + \alpha_g (\boldsymbol{F} + \rho_g \boldsymbol{f}) \cdot \boldsymbol{k} - M_{fg} - M_{gd} + \frac{q P_{rq}}{A h_{fg}} (u_f - u_g) \qquad (7-21)$$

7）能量守恒方程

为了简化本研究所建立的三流体模型，假设环状流液膜、液滴和汽相均处于饱和状态。

由于液滴的夹带和液膜的蒸发，液膜厚度沿着流道逐渐变薄，本研究认为当液膜空泡份额 α_f 小于 10^{-9} 时临界发生。

8）相关本构方程

为了求解三流体模型，还需要包括空泡份额、相间摩擦力、夹带率和沉积率、环状流起始点判定等本构方程的选取和建立。

（2）数值方法及程序编制

与均匀流模型类似，三流体模型也采用交错网格和半隐式格式对守恒方程进行离散，并构建方程组进行求解。总体计算步骤为：首先用动量守恒方程解出整个网格中新时层的速度，其次利用初始条件和上一时层的变量值来求解得到新时层的压力；最后根据质量守恒方程和热力学状态方程，得到新时层下的空泡份额以及其他状态参数。若在达到出口之前液膜空泡份额小于设定值，则调低热流密度回到开始重复迭代计算。若在整个计算时间范围内出口处液膜空泡份额均大于设定值，则调高热流密度回到开始重复迭代计算。直到出口液膜空泡份额刚好小于设定值，输出计算结果。

基于环状流三流体瞬态机理和瞬变外力场附加力模型，根据上述计算步骤，开发了瞬变外力场矩形通道 DO 型临界热流密度分析程序，程序采用 Fortran 语言和模块化结构编制。

7.3.3 临界热流密度模型验证

采用 1058 组 CHF 实验数据，对瞬变外力场临界热流密度模型进行了验证，根据环状流起始点的判断，确定临界热流密度是 DNB 型还是 Dryout 型。

（1）静止条件

共采用 680 组静止条件的实验数据对计算模型进行了验证，静止条件的 CHF 计算相对误差为-16.1%～16.6%，对 30 余组低压（压力小于 6.5 MPa）下的 CHF 计算相对误差偏大，普遍为-26%～15%，其主要原因是模型中采用的机理模型和一些本构方程是有压力适用范围的，用于低压下的 CHF 计算时，需要对模型进行压力修正。

软件对静止条件下 CHF 的计算偏差、平均偏差以及标准偏差等统计值如表 7.1 所示，计算偏差的分布如图 7.35 所示。

表 7.1　静止条件下软件计算偏差统计

数值类型＼内容	计算偏差 CHFR	相对误差/%	平均偏差 μ	标准偏差 σ	相对误差在±5%以内的点/%	相对误差在±10%以内的点/%	相对误差在±15%以内的点/%
DNB 型数据	0.865～1.109	-10.9～13.5	1.012	0.039	78.4	98.0	100
DO 型数据	0.834～1.161	-16.1～16.6	1.006	0.056	68.6	89.5	98.2
总计	0.834～1.161	-16.1～16.6	1.008	0.049	72.8	93.2	99.0

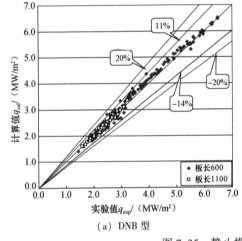
（a）DNB 型

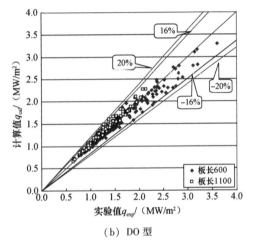
（b）DO 型

图 7.35　静止模型计算偏差的分布

表 7.1 中 DNB 型和 DO 型数据相对误差在±5%、±10%、±15% 以内的点的百分数是指占相应 DNB 型和 DO 型总点数的份额，总计一栏是占所有静止点数的份额。

从图 7.35 和表 7.1 可以看出，静止条件的计算模型对 CHF 的预测精度是比较高的，90% 以上数据的预测精度都在±10% 以内，总的平均偏差为 1.008，说明计算值总体上比实验值略微偏高。具体来讲，对于 DNB 型 CHF 模型，当临界热流密度值偏小时，计算偏差基本在±10% 内均匀分布，临界热流密度值较大时，计算值比实验值略偏高；对于 DO 型 CHF 模型，同 DNB 型模型一样，当临界热流密度值偏小时，计算偏差分布更均匀。

计算偏差与热工参数压力、质量流速以及临界含汽率的关系如图 7.36～图 7.38 所示。从图中可以看出，在研究的热工参数范围内，热工参数对计算偏差的影响基本是随机的。特别指出的是 DO 型计算工况包括部分压力小于 10 MPa 的点，图 7.36（b）显示当压力小于 10 MPa 以后，计算偏差会随着压力的减小而增大，这主要是因为模型内部采用的经验关系式对压力是有一定适应限制的，因此对于事故工况下低压条件下的 CHF 计算，模型需做进一步的修正和完善。图 7.38（a）显示，对于 DNB 型模型，当临界含汽率大于 0 后，随着 X_c 的增加，计算偏差有增加的趋势，但相对误差仍控制在 10% 以内。

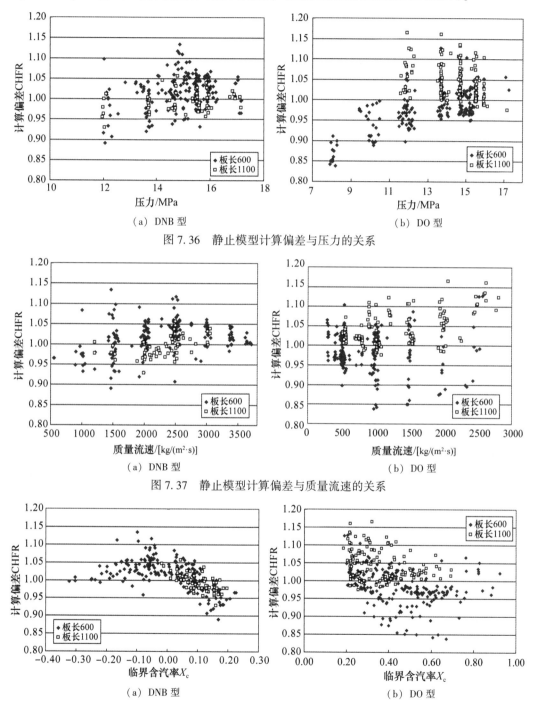

（a）DNB 型　　　　　　　　　　　（b）DO 型

图 7.36　静止模型计算偏差与压力的关系

（a）DNB 型　　　　　　　　　　　（b）DO 型

图 7.37　静止模型计算偏差与质量流速的关系

（a）DNB 型　　　　　　　　　　　（b）DO 型

图 7.38　静止模型计算偏差与临界含汽率的关系

对于静止条件的 CHF 模型，主要热工参数压力、入口过冷焓、质量流速和临界含汽率对 CHF 的影响规律与实验获得的影响规律是一致的。

（2）瞬变外力场

共采用 137 组倾斜条件、115 组摇摆条件和 53 组耦合条件的实验数据对计算模型进行了验证，运动参数最大倾斜角度为 45°，最大摇摆角度为 30°，最大摇摆角加速度 0.7 rad/s²。除 9 组压力为 2 MPa 的点外，软件对倾斜、起伏、摇摆和耦合外力场的 CHF 计算相对误差为 −14.4%~13.6%。

软件对运动下 CHF 的计算偏差、平均偏差以及标准偏差等统计值如表 7.2 所示，计算偏差的分布如图 7.39 和图 7.40 所示。

表 7.2　瞬变外力场环境软件计算偏差统计

类型	内容 数值	计算偏差 CHFR	相对误差/ %	平均偏差 μ	标准偏差 σ	相对误差在 ±5% 以内的点/ %	相对误差在 ±10% 以内的点/ %	相对误差在 ±15% 以内的点/ %
倾斜条件	DNB 型	0.864~1.108	−10.8~13.6	1.014	0.069	41.3	82.6	100
	DO 型	0.964~1.144	−14.4~3.6	0.975	0.031	82.9	98.8	100
摇摆条件	DNB 型	0.904~1.118	−11.8~9.6	1.025	0.056	43.1	96.6	100
	DO 型	0.996~1.086	−8.6~4.0	0.986	0.024	96.5	100	100

表 7.2 中每行相对误差在 ±5%、±10%、±15% 以内的点的百分数是指占相应瞬变外力场环境分别 DNB 型和 DO 型总点数的份额，总计一栏是占所有运动点数的份额。

从图 7.39 和图 7.40 和表 7.2 可以看出，计算模型对瞬变外力场（包括下的 CHF）的预测精度是比较高的，90% 以上数据的预测精度都在 ±10% 以内，总的平均偏差为 1.003。

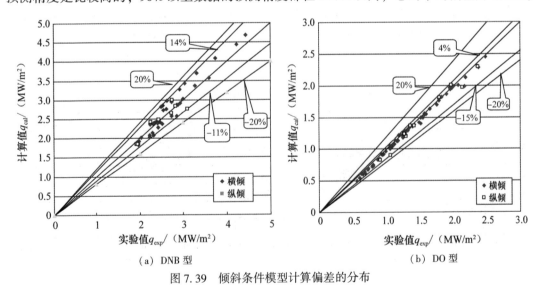

（a）DNB 型　　　　　　　　　　（b）DO 型

图 7.39　倾斜条件模型计算偏差的分布

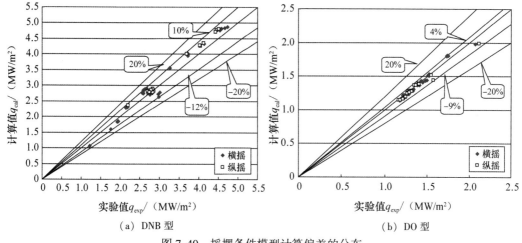

（a）DNB 型 （b）DO 型

图 7.40 摇摆条件模型计算偏差的分布

计算偏差与热工参数压力、质量流速以及临界含汽率的关系如图 7.41~图 7.43 所示。从图中可以看出，在研究的热工参数范围内，热工参数压力和质量流速对瞬变外力场环境 CHF 的计算偏差影响基本是随机的，临界含汽率对 DNB 型和 DO 型计算模型均有一定的影响。对于 DNB 型模型，当 X_c 大于 0 后，计算偏差随 X_c 的增加负偏差增加；对于 DO 型模型，当 X_c 大于 0.4 后，计算偏差随 X_c 的增加负偏差略微增加。相比之下，临界含汽率对 DNB 型模型的影响趋势明显些（静止条件下的 DNB 型模型影响趋势一致），这主要是模型中采用的两种 CHF 机理模型的特点引起的。在 DNB 机理模型中，DNB 的发生被认为是通道的局部参数导致的局部现象，而临界含汽率作为最重要的局部参数之一，以经验关系式的形式引入了临界热流密度的计算中。根据对所有 DNB 机理模型的验证评价中发现，现有的 DNB 机理模型对负含汽等低含汽率工况的计算更为准确。当含汽率介于 0.1~0.2 时，正好临近通道内产生环状流的工况，此时 DNB 模型的预测精度会随 X_c 的增加有降低的趋势，但总的计算偏差仍在 -15% 范围内。DO 型机理模型是模拟的环状流的流型，通过对三流体（左右液膜和气芯）方程的解析解获得某处液膜厚度为零时的临界热流密度，临界含汽率并不作为临界判断的条件，但三流体之间夹带和沉积的质量交换对计算结果影响较大。

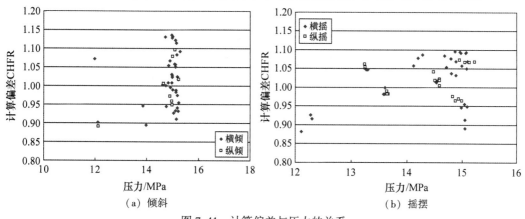

（a）倾斜 （b）摇摆

图 7.41 计算偏差与压力的关系

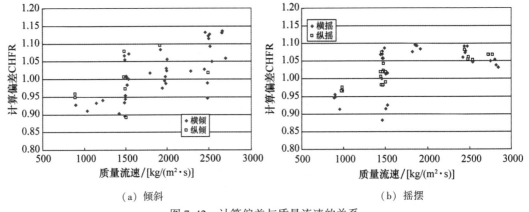

（a）倾斜 （b）摇摆

图 7.42　计算偏差与质量流速的关系

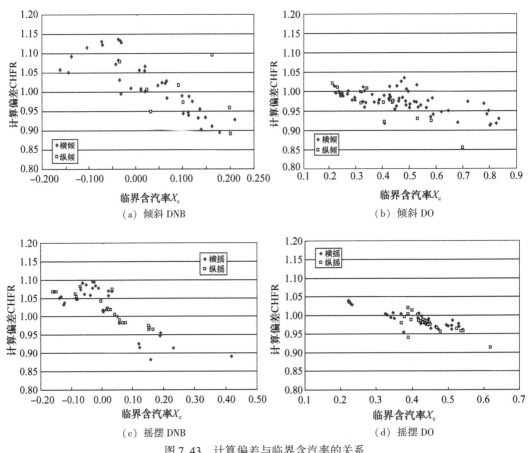

（a）倾斜 DNB （b）倾斜 DO

（c）摇摆 DNB （d）摇摆 DO

图 7.43　计算偏差与临界含汽率的关系

　　实验研究发现，在研究参数范围内，运动参数仅有倾斜角度对 CHF 有规律性的影响，实验和模型计算的影响规律是一致的。

　　可以看出，实验和模型计算的规律基本一致，即在 0°~45°，同样的热工参数工况下，随着横倾倾斜角度的增加，CHF 降低。

7.3.4 瞬变外力场临界热流密度计算分析

针对倾斜、摇摆条件下矩形通道内的临界热流密度进行计算和分析，获得典型外力场对矩形通道内临界热流密度的影响规律。

（1）倾斜条件

图 7.44 为 CHF 随倾斜角度的变化图，从图中可以看出，在纵倾条件下，CHF 随倾斜角度的增大略有降低，但变化幅度很小，这是由于纵倾条件下仅有管道轴向附加加速度场起作用，轴向加速度场变小会使汽块移动速度 U_B［见式（7-22）］降低，从 CHF 的表达式（7-23）可以看出，U_B 降低会使 CHF 也随之降低。

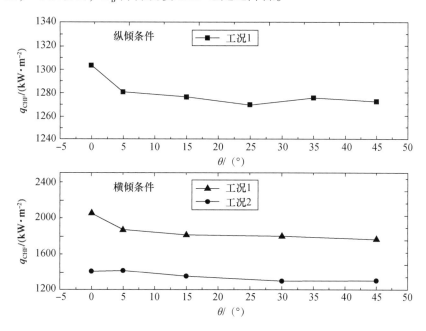

图 7.44　CHF 随倾斜角度的变化

$$U_B = U_{BL} + \left(\frac{2L_B(g\cos(\theta) + a_a(t))(\rho_l - \rho_g)}{\rho_l C_D} \right)^{0.5} \qquad (7-22)$$

$$q_{CHF} = \rho_f \delta H_{fg} U_B / L_B \qquad (7-23)$$

在横倾条件下，CHF 随倾斜角度的增大而降低。横倾时，会使微液层厚度 δ 和汽块移动速度 U_B 同时降低，使汽块长度 L_B 增加，根据 CHF 表达式（7-24），这些因素均使 CHF 值降低。

$$L_B = \frac{2\pi\sigma(\rho_l + \rho_g)}{\rho_l \rho_g U_B^2} \qquad (7-24)$$

对比纵倾和横倾计算结果可以发现，对于本研究的矩形通道布置方式横倾对 CHF 的影响要远远大于纵倾。

（2）摇摆条件

图 7.45 和图 7.46 分别为横摇条件下 CHF 随摇摆幅度和摇摆周期的变化规律，从图

中可以看出，CHF 值随着横摇幅度增大，或者摇摆周期的缩短而减小。

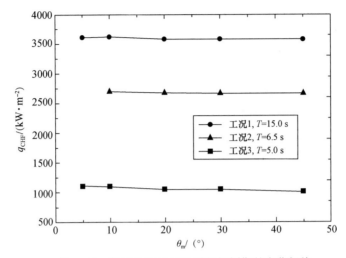

图 7.45　横摇条件下 CHF 随摇摆周期的变化规律

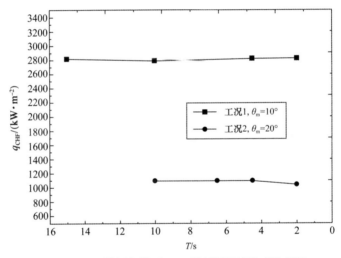

图 7.46　横摇条件下 CHF 随摇摆幅度的变化规律

　　横摇时微液层厚度 δ 会随着径向浮力的大小周期性波动，δ 越小，越容易达到临界热流密度，在加热功率上升的过程中，流道壁面微液层厚度较小的一侧将先达到临界热流密度，因此，横摇也会导致 CHF 降低。综上所述，横摇产生的轴向和径向附加加速度场均会使 CHF 降低，但起主导作用的是径向加速度场。

　　图 7.47 和图 7.48 分别为纵摇条件下 CHF 随摇摆幅度和摇摆周期的变化规律，从图中可以看出，CHF 值随着摇摆幅度增大，或者摇摆周期的缩短而减小。

　　纵摇条件下只有轴向加速度场对 CHF 产生影响，根据前面的分析，它会使 CHF 的值降低，但影响非常有限。

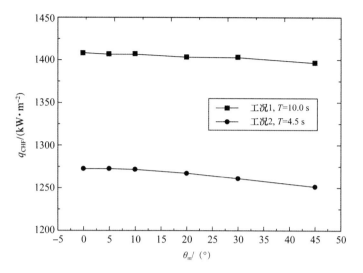

图 7.47　纵摇条件下 CHF 随摇摆周期的变化规律

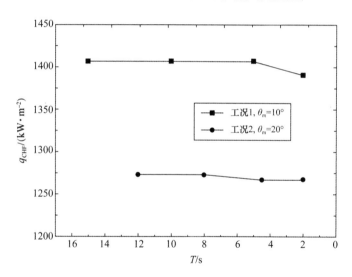

图 7.48　纵摇条件下 CHF 随摇摆幅度的变化规律

7.4　参考文献

［1］Isshiki N. Effects of heaving and listing upon thermo-hydraulic performance and critical heat flux of water-cooled marine reactors［J］. Nuclear engineering and Design, 1966, 4（2）: 138-162.

［2］Chang Y, Snyder N W. Heat transfer in saturated boiling［J］. Chemical Engineering Progress, 1960: 56.

[3] Usiskin C M, Siegel R. An Experimental Study of Boiling in Reduced and Zero Gravity Fields[M]//Benedikt E T. Weightlessness—Physical Phenomena and Biological Effects. Boston, MA: Springer US, 1961: 75-96.

[4] Otsuji T, Kurosawa A. Critical heat flux of forced convection boiling in an oscillating acceleration field—Ⅰ. General trends[J]. Nuclear Engineering and Design, 1982, 71(1): 15-26.

[5] Otsuji T, Kurosawa A. Critical heat flux of forced convection boiling in an oscillating acceleration field—Ⅱ. Contribution of flow oscillation[J]. Nuclear engineering and design, 1983, 76(1): 13-21.

[6] Otsuji T, Kurosawa A. Critical heat flux of forced convection boiling in an oscillating acceleration field—Ⅲ. Reduction mechanism of CHF in subcooled flow boiling[J]. Nuclear engineering and design, 1984, 79(1): 19-30.

[7] 庞凤阁, 高璞珍, 王兆祥, 等. 摇摆堆常压水临界热流密度(CHF)影响实验研究[J]. 核科学与工程, 1997, 17(4): 367-371.

[8] 高璞珍, 王兆祥, 庞凤阁, 等. 摇摆状况下水的自然循环临界热流密度实验研究[J]. 哈尔滨工程大学学报, 1997, 18(6): 38-42.

[9] 高璞珍, 庞凤阁, 王兆祥, 等. 核动力装置一回路冷却剂受海洋条件影响的数学模型[J]. 哈尔滨工程大学学报, 1997, 18(1): 24-27.

[10] Lee C H, Mudawwar I. A mechanistic critical heat flux model for subcooled flow boiling based on local bulk flow conditions[J]. International Journal of Multiphase Flow, 1988, 14(6): 711-728.

主要符号表

英文符号

符号	名称	单位
A	流通截面积	m^2
a	位移加速度	m/s^2
A_h	加热面面积	m^2
e	矩形流道窄边长度	m
b	矩形流道宽边长度	m
Bo	沸腾数	
c	比热容	$J/(kg \cdot K)$
C	常数 加热周长	m
CHFR	临界热流密度的计算偏差	
De	当量直径	m
F	力	N
f	摩擦系数	
G	质量流速	$kg/(m^2 \cdot s)$
g	重力加速度	m/s^2
g_h	升潜正弦波加速度幅值与重力加速度的比值，即 a_{hem}/g	
h	比焓	J/kg
	换热系数	$W/(m^2 \cdot K)$
k	导热系数	$W/(m \cdot K)$
K	影响因子	
	阻力系数	
L	长度	m
l	长度	m
M	摩尔分数	
n	常数	
Nu	努谢尔特数	

续表

符号	名称	单位
N_{pch}	无量纲相变数	
N_{sub}	无量纲过冷度数	
Pr	普朗特数	
p	压力	Pa
Δp	压降	Pa
q	热流密度	W/m²
r	半径	m
R	普适气体常数	J/(mol·K)
Re	雷诺数	
Ro	惯性力与科氏力的比值	
S	位移，汽泡界面表面积	m，m²
T	温度	℃
	周期	s
t	时间	s
U/u	速度/流速	m/s
V	体积	m³
W	质量流量	kg/h
x	含气率	
X_c/X_e	平衡含汽率/临界含汽率	
x y z	非惯性坐标系统坐标	
z	流道轴向坐标	m

希文符号

符号	名称	单位
α	空泡份额	
β	角加速度（弧度）	$(°)/s^2$，rad/s^2
Δ	变量	
δ	液膜厚度	m
θ	角度	$(°)$
μ	平均偏差，粘性系数	
σ	标准偏差	

续表

符号	名称	单位
ρ	密度	kg/m³
τ	剪切力	N
α	体积分数，空泡份额	
ω	角速度	rad/s
γ	角度	°
Π	类浮升力与惯性力的比值	
λ	热导率	W/(m·K)
δ	厚度	m
Φ	热流量	W
υ	速度	m/s
Φ_{fo}^2	全液相两相摩擦倍增因子	
Φ_f^2	分液相两相摩擦倍增因子	

主要角标

符号	名称
avg/ave	平均
add	附加
B	浮力
c	离心力
cal	计算值
cor	科氏力
cp	壁面接触力
cr	临界
du	汽泡生长力
exp	实验值
F	力/摩擦力
f	平均
fg	汽化潜热角标
g	重力
h	水动力/竖直方向/高度
he	升潜
in	入口
iso	等温

续表

符号	名称
L	液相
li	倾斜
lo	
m	幅值/平均
max	最大值
min	最小值
non	非等温
o	静止条件
out	出口
Qs	曳力
ro	摇摆
S	张力
sat	饱和
SL	剪切力
sub	欠热
t	切向力
Techo	Techo 关系式
v	汽相
w	壁面附近
X	横摇、横倾
x	x 向
Y	纵摇、纵倾
y	y 向
z	z 向

缩略词

AFD	环状流液膜蒸干
CHF	临界热流密度
DNB	偏离泡核沸腾
NVG	净蒸汽产生（点）
ONB	环状流启始点

注：当部分符号出现次数较少时，会在正文中注释。